JN156795

交通事故・実態と悔恨

交通事故はこうして起きる

元警察大学交通教養部教授
福田和夫

グランプリ出版

■編集部より■

本書は、『交通事故の専門家が語る　交通事故・実態と悔恨―交通事故はこうして起きる―』（2003年4月、三樹書房刊）をもとに、道路交通法に関するデータ等を更新して刊行いたしました。なお、データの一部については原著刊行時のままとしている部分がありますので、ご了承ください。

まえがき

本書は、長い年月、身近に起きた交通事故の不幸を「ああー……」と叫びながら見続けてきた筆者が、交通事故現場や交通安全教育の場で見、聞き、知ったことがらを、できるだけありのままに皆さまにお伝えし、事故防止、安全運転の一助としていただきたいと取りまとめたものです。

交通事故は、たった１度の不注意で生涯取り戻しのつかないような不幸を背負うことがあります。だから交通事故は、体験して学ぶというわけには決していかないのです。

「賢人は他人の過ちで学び　愚人は自らの過ちで滅びる」といいます。交通事故の不幸から身を守るためには他人の過ちに学ぶことも大切です。といって、交通事故を起こした当事者にその体験を尋ねても、当事者は失敗の多くを語りたがらないでしょう。それではと事故を取扱った警察官に聞こうとするのですが、こちらも守秘義務の立場から事故のすべてを明らかにすることはありません。交通事故のことは一応承知しているつもりでも、身に迫る危険としてその真相を実感することはなかなかできないものなのです。

ところで日本人は、むかしから未体験の危機を後の者に知らせる方法として、ことわざ、格言、警句、などをよく用います。たとえば「転ばぬ先のつえ」「猟師山を見ず」「浅い川も深く渡れ」などなど体験がなくても危機への対応をを学ぶことができます。この寸鉄人を刺すような短い言葉には説得力があり、しかも理屈抜きでなにが大切かを教えてくれます。車社会も今日ここまで成熟したのですから、交通の危機管理についてもこうした「ことわざ」のたぐいの警句がたくさん生まれ出てもよいのではないかとと思ってます。そこで本書も、できるだけ「ことわざ」風の題名で、何が大切かをお話したいと試みています。

文中に取り上げた事例の多くは筆者が永年携わってきた交通警察の現場あるいは安全運転教育実務のなかで見、聞き、知ったものをドキュメントにお伝えする

ものですが、プライバシーを考慮して日時、場所、名などは変えてありますので
ご承知ください。また、文中に判例、学説などを引用し、ときには法律用語、専
門用語を使って多少押しつけがましいところがあると思いますが、幅広い層の皆
さまのご理解を得るために意図したものですのでどうぞお許しください。

このつたない書がみなさんのお目に触れ、ビギナーの方はもちろんのことベテ
ランにも、そしてとくに日ごろ安全運転指導にお心を砕かれているリーダーのみ
なさんにすこしでもお役に立てていただくことがあれば筆者の望外の喜びとする
ところです。

こうして本書を世に問うことができたのは、かつての時代に、ともに交通安全
のために汗を流してきた仲間達のご協力や励ましのおかげであり、また家族の支
えによるものです。また、出版にあたりましては力強くご支援をしてくださった
出版社の小林謙一氏、編集を担当してくださった方々の深いおこころづかいのた
まものであり、あらためて厚く御礼を申上げさせていただきます。

著　者　　福　田　和　夫

目　次

第1章　事故と責任

1　吉宗の高札 —— 13

江戸時代にも死亡交通事故が多発した。たまりかねた吉宗は、加害者を島流しにすると御触れを出した。

2　道端の供花 —— 15

事故現場の供花（くげ）を見つける。その花は寂しく揺れて世の無常を訴え、事故責任の厳しさを伝えている。

3　樹海に身を焼く —— 17

事故の傷跡は黒板のようには消えない。ここに悪夢を背負って樹海にさまよい身を焼く運転者の姿があった。

4　君死にたもうことなかれ —— 20

青春をかけ抜ける若者につまずく石は多い。なかでも交通事故という名の地獄石はその青春をも奪い去る。

5　行楽は遊びでも運転に遊びはない —— 23

行楽は楽しい遊びだ。しかし、ハンドルを持つ者は行楽であっても運転に遊び心は許されない。

6　運転にも停年がある —— 25

名車も老いるとあちこちと痛みがくる。かっての名ドライバーも忍び寄る老いには勝てない。

7　ドンマイ運転 —— 28

人生、運否天賦の楽観主義も見捨てたものではないが、車の運転だけはドンマイというわけにはいかない。

8　点数がなくても免許取消し —— 30

違反点数は運転した者につく。だが危険を唆した者は、運転をしていなくても免停・取消しになる。

9　運転責任は予見の義務と回避の義務 —— 32

ルールの違反がなくても事故責任が生じる。それでは、運転者責任とは何をもって言うのだろうか。

10　3割多い交通事故死者　35

年末になると今年もまた交通事故死者1万人云々と知らされる。だが実際の死者数はさらに3割も多いのが現実。

第2章　ルールの基本

1　道路交通法の泣きどころ　38

道路交通法は安全運転のバイブル。万能と思われるこの道路交通法にもじつは泣きどころがある。

2　酒は涙かダメ生きか　41

酒も車も人生を楽しませる。だが、酒は開放の楽しさ、そして運転は緊張の楽しみであり互いに相入れない。

3　道路交通法に「優先権」はない　44

道路交通法に「優先」の文字はあっても「優先的権利」はない。権利の主張で交通の安全は図れない。

4　点滅信号は交通整理をしていない　46

点滅信号は交差点の交通整理をしていない。黄色点滅だからといって赤色点滅に対する通行の優先はない。

5　お猪口3杯でも酒酔い運転　48

酒の酔い方は人によって違いがある。酔いは酒の量だけではない。お猪口3杯でも危険な酒酔い運転になる。

6　青信号は安全を保証していない　51

青色の信号表示は「進む」だが、進むことの安全は保証しない。運転者は状況を判断して進めといっている。

7　踏切停止に理屈はいらない　53

遮断機が上がっている、見とおしがよい、前の車が通ったからと理屈をいわずに、踏切はだまって止まれだ。

8　人は過失をなくせない、だから譲る心もなくせない　56

人は過失をなくせない。運転とはそうした仲間の走りあいだ。「譲る心」がなければ事故はなくならない。

9　まじめ運転が点数を消す　58

違反点数は運転者のバッドマーク。だがこの点数も一年余のまじめな運転期間があると消えて無くなる。

10　違反多ければ事故多し　63

ルールは過去に起きた事故を教訓につくられている。だからこれを無視することは事故に超接近することだ。

第3章　交差点の事故

1　左折の内輪（うちわ）もめ　67

車には内輪差がある。後輪は曲がるときになぜか前輪の軌跡に従わない。このうちわもめが重大事故を起こす。

2　心が消した赤信号　70

交通事故はヒューマンエラーだという。運転者の心が内にこもってしまったときそのエラーがよく起きる。

3　出会い頭は事故がしら　72

車両相互事故のトップは交差点の出会い頭事故。交差点にはエゴという名の魔物が潜んでいるらしい。

4　あらかじめ左に寄らない左折事故　75

左折は巻き込み事故などの悲惨な結果をつくりやすい。だから道交法は左折の方法を詳しく説いている。

5　サンキュー事故　77

有難うといいながら起こす事故をサンキュー事故と呼ぶ。礼儀正しい運転も気配りを欠くと事故になる。

6　ダイヤモンド事故　80

路上にダイヤモンドがある。光り輝くほどのものではないけれど、これに目がくらむと事故になる。

7　ジレンマゾーンの加速　83

黄色の信号を見て進むべきか止まるべきか思い悩むことがある。この領域をジレンマゾーンと呼ぶ。

8　一時停止は二度停車 85

車は止まっても運転者のはやる心はまだ止まっていないのだ。
心も止めて安全を確かめる、それが二度停車だ。

9　1人の横断者を見たら3人いると思え 87

一人が横断するのを見て安心するな。続いて追いかけ横断をする歩行者がまだ3人いると思え。

10　交差点安全進行名言集 90

交差点は危険なジャングル。思いがけないアクシデントが起きる。そこでいろいろな警句が生まれている。

第4章　運転者の心理と行動

1　嘆きのシンデレラ事故 93

女性ドライバーにはとかく甘えと依存の傾向があるという。
そのシンデレラコンプレックスが事故を起こす。

2　棋風、雀風、運転風 95

人には気質、性格がある。運転にもその流儀が出る。安全運転とは自分流をいかに他人と調和させるかにある。

3　あの子は事故で心を亡くしました 98

善良な青年が、ただ一度の速度の誘惑に負けて事故。被害者の屍体を引きずって自宅の車庫へと運んだ。

4　高速道路の赤い誘蛾灯（ゆうが） 100

高速道路には運転者を誘う赤い誘蛾灯がある。正体は孤独と単調さがつくり出した運転者の思い違いの灯り。

5　左に慣れて左事故 102

車の左側位置の確認は教習所時代からだれもが苦手だった。
その左に慣れたころに思わぬ事故が起きる。

6　お化けと速度は夜になると出たがる 105

闇は人の理性を奪う。夜の死亡事故の多くは闇に化かされた運転者が速度の出し過ぎで起こしている。

7　ヘアピンより怖い大曲り　107

カーブにおける死亡事故が多い。それもRのきついカーブではなく、緩い大曲りのカーブで起きる。

8　呼称でただせ心の故障　110

疲れて、あせって、ぼんやりして、心が故障すると事故が起きる。呼称運転で心の故障を直そう。

9　「だろう」「はずだ」が事故の始まり　112

交通事故の大半は期待と現実のミスマッチで起きる。「だろう」「はずだ」の見込み違いが事故になる。

10　「ヒヤリ」「ハッ」とも事故のうち　114

「ヒヤリ」「ハッ」とのニアミス体験も、のど元過ぎて忘れがちになる。だがそれは貴重な臨死体験である。

第5章　危険な当事者たち

1　新車の車椅子　117

若者に二輪車の魅力は絶ちがたい。だがひとつ誤ると、あれほど待ち望んだ新車が車椅子であったりする。

2　駐車が人を殺す　120

たかが駐車というけれど、違法駐車が渋滞をつくり出し、救急を妨げ、危険な駐車が人を死に追いやる。

3　真夜中のトラ　122

真夜中にトラが出る。トラは暗い夜道を徘徊し、路上に寝そべり、運転者を恐怖に陥れる。

4　70の思案橋、80の崖っぷち　124

運転も、70歳の声をきいたら思案橋、80歳になったら崖っぷちに立ったと思え。

5　あせりの抜け道、油断の慣れ道　127

ネコに追われてあわてたネズミも道に迷うという。運転もあせりの抜け道や油断の慣れ道で事故を起す。

6　危険なライトコミュニケーション ―― 129

運転中の他車とのコミュニケーションは難しい。そこで灯火や警音器を利用するが思わぬ誤解も生まれる。

7　交通事故は癖のかたまり ―― 131

馬に馬癖、人に人癖、そして運転は慣れるほどに省き癖が身につきやすい。その悪い癖が事故を起こす。

8　黄色当然、赤勝負 ―― 134

ちかごろ巷に流行る言葉に「黄色当然、赤勝負」がある。黄色信号で突っ走るのはあたりまえということか。

9　しばたき・モジモジは居眠りの始まり ―― 136

睡魔が心地よくすり寄ってくる。この疫病神と戦ってもまず勝目はない。三十六計いかに逃げ出すかが鍵。

10　あせりのクラクション、おどしのエゴラッパ ―― 138

「運転はあなたが示すお人柄」といわれるように、鳴らしたクラクションに運転者の心の乱れが現れる。

第6章　安全の確認と操作

1　昼あんどんの事故(自己)防衛 ―― 140

大石蔵之助は「昼あんどん」と呼ばれて身を守り本懐をとげた。二輪車も「昼あんどん」で身の安全を図る。

2　「わだちぼれ」によろめく ―― 142

ほれてよろめくのは男女のなか。こちらは好きで掘れたわけではないが、道路の「わだちぼれ」もよろめくと危険。

3　車も人も暖機(気)運転 ―― 144

車を乗り出してから30分前後で起きる事故が多い。車も心もまだ暖まらないうちにトラブルが起きる。

4　ウインカーも一度は疑え ―― 147

ウインカーの表示はときに誤っていることがある。状況によっては一度は疑ってみることも必要だ。

5　秒を数えて車間を測る―― 148

たかが追突されど追突。死傷者多数の事故も珍しくない。走りながら車間距離を測ることは意外と難しい。

6　三尺離れて死のかげを踏まず―― 152

自転車はとかくよろめいたり急な進路変更をする。脇を走るときは三尺離れて死のかげを踏まない。

7　愛車が鉄の棺桶―― 155

車が我が身を葬る「鉄の棺桶」になる。シートベルトは愛車に葬られないための安全バリアーづくりだ。

8　セコで登ったらセコで下れ―― 158

自動車教習所もなかったむかしのこと、技能習得は先輩からの直伝だった。そこには短い巧みな教訓があった。

9　馬は手綱さばきＡＴ車はブレーキさばき―― 160

騎手は手綱さばきで巧みに馬を操る。ＡＴ車はブレーキさばきで安全に発進し安全に止まる。

10　目の脇見、心の脇見、手の脇見―― 162

脇見にもいろいろとある。目の脇見だけではない。心ここにない脇見も、手探りの脇見もある。

第7章　反省と教訓

1　酒、事故、入獄、妻の自殺―― 165

車は幸せを運んでくるはずのものだった。だが酒という悪魔の誘い鳥が悔いて戻らぬ不幸を運んできた。

2　4番目のブレーキ―― 167

車のブレーキがいかに優れていても、心のブレーキが働かなければ車は安全に止まれない。

3　報道記事に事故を学ぶ―― 169

事故は経験して学ぶものではないが、代わって報道記事がリアルに事故の真実を伝えてくれる。

4　踏切のとりこ事故としっぽ残し　172

踏切の安全確認は列車だけのことではない。人や車の通行はもとより、踏切施設、踏切先道路まで確かめる。

5　物損事故も人身事故も紙一重　175

交通事故は、危険の予測はできても結果の予測はできない。物損事故から死亡事故までまさに紙一重。

6　車に心の安全装置はない　177

近年、自動車に装備される安全装置は目ざましい進歩を遂げている。だが運転者の心を制御する装置はない。

7　信頼の原則　180

「信頼の原則」と呼ばれる法理がある。この判断が適用されたときは事故責任がないとされるのだが……。

8　論より証拠　適性診断　183

運転も無事慣れすると自分の姿が見えなくなる。運転適性診断とはその自分の姿を検索してみることである。

9　安全運転五省　186

車社会は運命共同体である。1人の手抜きがつくり出した危険が、意味もなくみだりに人を死に追いやる。

10　安全運転の詩　189

事故と責任

交通事故は、被害者に悲しみを与え、加害者にもまたつらく苦しい地獄の道を残していく。その恐ろしさを知ることも責任の自覚につながる。
この章は、安全運転のための運転者の注意義務と事故責任について考えたい。

1 吉宗の高札

江戸時代にも死亡交通事故が多発した。たまりかねた吉宗は、加害者を島流しにすると御触れを出した。

徳川八代将軍吉宗の時代のこと。江戸市中に高札が建てられた。曰く、
『近ごろ、車を引き、馬を扱っている者が、積荷を落としたり、馬車を打ちつけたりして人を死亡させることが多くなった。これまでは悪意がないからと寛大にしてきたが、こうも多く人の命が粗末にされるようではもはや不注意だからといって許すわけにはいかない。今後は人殺しにならって流罪とする……』
という厳しい御触れである。

この高札からも江戸の町を激しく行き交う荷車、馬車の様子と経済活動の賑わいぶりがうかがい知れる。だが一方で、経済活動に藉口して車優先の風潮がはびこり、とかく人の命が粗末にされる傾向も生まれていたようである。こうした風潮は時代が違っても変わらないようだ。

交通死亡事故の増加に思い余った吉宗は、たとえそれが過失によるものであっても人命軽視の姿勢は許されない。今後は人殺しにならって流罪（島流し）にすると定めたわけだ。この定めは今日でいえば現行刑法の「業務上の過失による死

傷の罪」に相当する。あるいは吉宗が我が国において刑法として過失犯処罰を定めた元祖であるかもしれない。

刑法といえば殺人、強盗、窃盗、詐欺、横領、放火の罪などが定められている大法典。この刑法はもともと故意犯（悪意の行為）を処罰の対象としている。刑法は「罪を犯す意思のない行為は罰しない」といっているくらいだ。だが吉宗が悩んだように、たとえ過失（不注意の行為）でも人を死傷させることの重大さに変わりはない。過失だから仕方がないでは社会の安全秩序が成り立たない。そこで吉宗も、そして今日の刑法も、過失による死傷の罪を厳しく処罰しているわけだ。現行刑法の定めを読むと、

「業務上必要な注意を怠って人を死傷させた者は、5年以下の懲役もしくは禁固または50万円以下の罰金に処する。(刑法第211条)」

とある。人身交通事故の過失責任もこの罪によって問われることはいうまでもない。

ところで刑法の「業務上」というのは商売とか仕事という意味だけにとどまらない。日常危険が伴う行為を継続的に扱う立場にあるものを総称する。船舶、航空機、列車、医療、建築、危険物管理、銃猟などなど不注意が人命に重大な危害を加える恐れがあるものがその対象となる。医療過誤事件、薬害事故、列車事故、ビル火災、航空機事故などなどが業務上過失致死傷事件として取りざたされていることはよくご承知のことである。

車の運転の事故は一般的にはこの「業務上過失」の罪に該当し、運転の目的が通学でも買い物でも行楽であっても、みんなこの「業務上の過失による死傷の罪」として重い罰を受ける。厳しい運転責任にはもちろんアマ・プロの区別はない。

ある会合で若者達と交通事故防止のディスカッションをした。若者達のなかには交通違反も人身事故責任もすべて道路交通法で罰を受けると考えていた人がいた。そういえば違反も事故も警察官が処理しているからそう思い込んでしまったのかもしれないが、事故責任をそうした認識で考えていたとなると、違反も事故も捕まらなければよいというスタンスになり、運転者としての責任の自覚があいまいになる。

話を吉宗の高札に戻そう。吉宗が「人殺しにならって流罪とする」とした定めは、現行刑法の「５年以下の懲役・禁固に処する」に相当することは先に述べた。このあとにさらに吉宗が、事故を防止するために、「荷駄(にだ)は落ちないように車馬にしっかりと縛りつけておかなければならない」「市中において馬車は○○キロ以上の速さで走ってはいけない」「横断する歩行者には道を譲らなければならない」「守らないものは一両の罰金を申し付ける」などと御触れを出したとすれば、この部分が今日の道路交通法にあたる。

つまり、刑法は交通事故により生じた死傷の結果について厳しく責任を問う法律であり、道路交通法は事故が起きないような安全な行動基準を定め、事故予防のためにその違背行為を罰する法律なのである。

最近では、刑法も改正され、危険度の著しい酒酔い運転や乱暴運転による致死傷事故は、もはや過失ではなく故意であるとして最高15年以下の懲役刑という**「危険運転致死傷罪」**が設けられた。吉宗の「流罪（島流し）」に相当する厳しさがある。

『吉宗の高札』
が運転者の社会的責任の厳しさ教えている。

2 道端の供花(くげ)

事故現場の供花(くげ)を見つける。その花は寂しく揺れて世の無常を訴え、事故責任の厳しさを伝えている。

交差点の片隅や小道の曲がりかどにひっそりと供えられた花と水がある。もとより人に見せるための花ではない。美しさを競う花でもない。それは亡き人への鎮魂(ちんこん)の手向けの花であり、花は無言で「ここが悲しい交通死亡事故発生の場所だよ」と伝えている。

花は車が通るたびにさびしく揺れる。供えられたコップの水にも事故で命を落とした故人の無念さが映る。失ったわが子を思う母だろうか、亡き夫を偲ぶ妻だろうか、花に思いを託して祈る姿がそこに見えるようである。
「今日もあなたの旅立ちの場所へ来ましたよ……」と。
見落としがちな道端の供花だが、そこには被害者の悲しい物語と、かかわった運転者の悔恨の思いが秘められている。
高齢者の横断事故だったろうか、出会い頭のバイク事故だったろうか、左折車に巻き込まれた自転車の事故か、それとも右直の衝突事故、もしかしたらいたいけな子供が轢かれた悲しい事故かもしれない。花は言葉がないから詳しい事情まで伝えてくれないが、たしかなことは、この場所で事故による取り返しのつかない人の死があったことである。ここを通る運転者に、花は必死になって事故の恐ろしさを伝えようとしているのだ。運転者としてこの花をむげに見過ごすわけにはいかない。

話は変わるが、同じ道路や同じ場所で不思議と交通死亡事故が多発することがある。人々は、浮かばれない死者のたたりとか、交差点に魔物が住んでいるのではと恐れる。やがてそこには有志によって、死亡事故現場の看板が設けられたり、鎮魂碑が建てられたり、さらにお地蔵さまが祀られたりもする。
もちろん道路に魔物が潜むはずはない。事故多発の真相をただすと、その場所は運転者・歩行者にとって危険を見落としやすい道路環境であったり、トラブルが起こりやすい交差点事情であったりする。警察当局も道路管理者も綿密に調査し事故原因の分析を行って安全対策に腐心するのだが、なにせ道路施設の改良にしても周辺住民の安全教育にしてもなかなか一朝一夕にはいかないのが現状である。鎮魂碑も地蔵尊も実は交通事故がこれ以上繰り返されないようにと危険な場所であることを運転者に知らせるモニュメントであるのだ。

交通事故は多くの場合、日頃の無事慣れ運転が危機意識をなくしたときに起きている。つまり無事慣れが緊張感をなくして事故を起こすといってもよい。運転とは常に危機意識を高く持ち続ける作業である。鎮魂碑もお地蔵さんもそして死亡事故現場を伝える看板も、途切れてはいけない運転者の緊張感を強く喚起するためにある。これらを単なる験担ぎだ形式だと一笑に付することはできないのだ。交通取締りもそうした意味では運転者の注意心を喚起する１つの手段ということができる。

さて「道端の供花」に話を戻すことにしよう。運転者がこの手向けの花を見かけたときは、花の呼びかけにそっと感じてやって欲しいのだ。

そこにどんな不幸があったのか詳しい事情まではわからないとしても、そこに死者から送られてくる無念のメッセージと、交通事故を起こした運転者の責任と悔恨の涙が受けとれるはずである。

『道端の供花』

運転者にとってこれほどリアルで重要な情報はない。

3 樹海に身を焼く

事故の傷跡は黒板のようには消えない。ここに悪夢を背負って樹海にさまよい身を焼く運転者の姿があった。

富士山麓に広がる樹海は夏でも肌寒い。朽ち果てた埋もれ木が落葉に覆われ足もとをすくう。ぎすぎすとやせた灌木は、わずかな木漏れ日を見上げてあえぐように天空に枝をさし伸ばす。そちこちにむき出した黒い岩肌が苔むして不気味に光っている。青木ケ原、そこは人が生きる方角を見失うような世界でもある。

その樹海の奥深くにＳさんの遺体が発見された。死後１カ月余を経過している。近くには放り出されたように焼け焦げたポリ容器が散らばり、覚悟の焼身自殺であることを物語っていた。遠く離れた岩の上には遺書もあった。

Ｓさんはキャリア15年の大型運送車の職業運転者である。律義で責任感も強くその働きぶりは仕事筋の人たちからも信用が厚かった。そのＳさんが大変な交通事故を起こしてしまったのである。

事故は、ベテランのＳさんに似合わしからぬ「過積載のカーブ事故」だった。その日はいつもとは違う積み荷のきしみを気にしながら緩やかな下り坂のカーブを走っていた。今回の積荷は依頼者の強い要望もあり、少しきついかなとは思ってはいたが、まあいつものとおりの慣れた道を走るのだからと気にしなかった。そして事故現場の道路をいつものような速度で下り坂に入ったとき。Ｓさんは、車の加速がいつもより強いのに気がついた。しかも車の走りに浮き立つような不安定さを感じた。これはいかんと対処しようとしたがそのときはすでに車はコントロールできない状態になっていた。

車は意思に反してセンターラインを超えて対向車線にはみ出していく、しかも折悪しく１台の乗用車が対向してきた。どうすることもなく「わー……」と声を発しながらＳさんは乗用車に衝突していった。乗用車は押し戻されてガードフェンスに押しつけられる。乗っていた初老の夫婦が車内で圧死した。２人即死の非情な光景がそこに現出したのである。

動くこともできなかった車からかろうじて脱出したＳさんは、この惨状を目にしてもなす術がない。ただぼう然自失するだけだった。通りがかりの車が警察だ救急車だと叫びあっている声も騒ぎも記憶がない。聞こえてきた救急車やパトカーのサイレンでようやく我に返る。警察官の問いに答えながら、自分が下りのカーブで事故を起こしたことを思い出した。プロを任ずるＳさんにとってこの失敗は、まさにベテランらしからぬ軽率なものであり弁解する余地もない。

警察から帰宅を許された。Ｓさんは慚愧の念と恥じいる心に押しつぶされそうになっていた。会社への釈明、荷主への謝罪、被害者への弔意、賠償問題、迷惑をかけた同僚へのお詫びなどなど、重くて暗くつらい毎日が続くのである。
運転免許は取り消しになった。会社からは解雇の通告があった。示談交渉もなかなか進まないようで、心を許していた友人達とも次第に疎遠となる。誇りを失い重荷を背負った心のさまよいはもう他人が推し量れるような生易しいものではなかったようである。Ｓさんはまったく人が変わったように暗く無口な人になる。そしてうつろな目で、仲間の１人に「刑務所が怖い」とつぶやいていたという。
ある日Ｓさんの姿が突然のように消えた。１カ月後、遺書とともに青木ケ原の樹海の奥深くに焼死体となって発見されたのである。残された遺書は関係者に宛てた謝罪文である。Ｓさんは誰になぐさめられても励まされても、ついに心に刻まれた悪夢を消すことができなかったのである。律義な性格が呵責に耐えきれず樹海に身を焼き自らを消したのであった。

Ｓさんに限らず、事故の責任に堪えきれずに自裁する例は稀ではない。
○死亡ひき逃げ事故を起こした運転者自殺
○同僚を死なせたクレーンの運転者が縊死
○「また起こしたか」と責められて運転者が高所から飛降り自殺
○交通事故の主婦が警察で自殺
○夫の交通事故（賠償問題）を苦にして主婦が自殺
などなどマスコミが伝えていた。

人は良心の存在である。恥じ入る思いと襲いくる過酷な運命に耐えきれないとき、心の住むところさえ見つからなくなるのだ。光を求めて、わずかな木漏れ日に、あえぎながら天空に手をさし伸べたが、やがてそれも力尽きて青木ケ原に朽ちる。
『樹海に身を焼く』
事故の心の傷跡は黒板のように簡単には消せないのである。

4 君死にたもうことなかれ

青春をかけ抜ける若者につまずく石は多い。なかでも交通事故という名の地獄石はその青春をも奪い去る。

若さの特権は、心のおもむくままに、恐れを知らぬエネルギッシュな突進力にあるといえる。そのエネルギーは未来に向かって大きく期待を抱かせるものだが、他方その魅力は恐れを知らぬままに暴走する憂いを秘める。そしてふとした動機で暴走してつまずいた地獄石は、この素晴らしい若者の青春をまで奪い去ってしまうのである。

明治の女流歌人与謝野晶子は、戦場（日露戦争の時代）にある弟に詩を贈った。若さが心の赴(おもむ)くままに暴走して無意味な死を選んではいけないと、肉親の情をつづって切々と戒めたのである。「君死にたもうことなかれ」と。そのはらからの思いは今も昔も変わらない。

ああ、弟よ、君を泣く
君死にたもうことなかれ
末に生まれし君なれば　……（中略）
人を殺せと教えしや

堺の街のあきびとの
老舗を誇るあるじにて
親の名を継ぐ君なれば
君死にたもうことなかれ　……（中略）

のれんの陰に伏して泣く
あえかに若き新妻を

君忘るるや、思えるや　……（中略）
乙女心を思い見よ

この世一人のきみならで
ああまた誰を頼むべき
君死にたもうことなかれ
君死にたもうことなかれ

晶子は、「あなたを思う親や妻や家族の心情を思ってみてください。自分の責任を考えてください。命はあなた１人のものではないのです。決して無駄な死を選ぶような短慮があってはなりません。みんなの祈りをお伝えします……」と切々と訴えたのだ。

国威発揚をテーゼとした明治の時代に、大胆にこれだけの詩をおおやけにすることはかなり勇気のいることだったろう。当時の世論が晶子を女々しい反戦主義者と非難したことも想像できる。しかしこの詩は、軍人の弟に命を惜しんで臆病をすすめたものとは思えない。一時の激情に走り、がむしゃらにそして暴虎馮河の行動をとりやすい若者の心を気遣った声であったと思いたい。生きることの真の意味とは、いたずらに蛮勇をもって燃え尽きることではなく、果たすべき役割や責任を考えて、命の大切さを意識することだと説きたかったのに違いない。

幸いに今日の日本には兵戈による争いはない。しかし、替わって交通戦争と呼ぶ厳しい戦場がある。もともと争いでも競い合いの場でもないはずの車運転の場が若者にとっては命をかけた戦場のようになっているのはなんとしたことだろう。意味もなく死を選ぶ若者の起こす交通事故。晶子の詩は、「君死にたもうことなかれ」と今日の車社会の若者にも向けられた真実の叫びでもあるのだ。

ある車好き少年達に、なぜ暴走をするのか尋ねたことがある。

A君「車ほど魅力的で楽しいものはないよ。どこまでやれるか挑戦することによろこびがある。」

B君「危ないのはわかっている。しかし走りだすと不思議に仲間の熱気に触れて

ファイトが湧く。なんでもみんなと同じにやってみたくなる。」
Ｃ君「まえにカーブで事故って顔と頭に大怪我をしたがもう治った。うーん、後悔はしていない。車が手に入ったらまた思いきり走ってみたい。」
と若者達は交通事故を恐れない。蜂の武蔵が太陽に挑戦するように、危険に飛び跳ね飛び込んでしまう。マスコミが伝えていた。

〇高校生、猛スピードで街路灯に激突、同窓生ら５人が死亡。

〇深夜の暴走、対向車線に飛び出して同乗者４人死亡。

〇盗んだ車でカーブを曲がりきれず、男女４人が死亡。

若者達は、まるで鬱屈した青春のはけ口を車に求めているかのようである。そして知も技も未だ育ちきっていないままに、アクセルを踏込み悔いて戻らぬ道を突き進んで行く。若者のこの輪禍をだれがどうしたら止めることができるのだろうか。

若者よ、『君死にたもうことなかれ』
弟を気遣う詩人晶子の心の叫びに、じっと耳を傾けてはくれまいか。

5 行楽は遊びでも運転に遊びはない

行楽は楽しい遊びだ。しかし、ハンドルを持つ者は行楽であっても運転に遊び心は許されない。

ここに紹介する事例は、楽しいはずの行楽旅行が、暗転して阿鼻叫喚(あびきょうかん)の地獄絵図になった女性運転者の悔恨の物語りである。

主人公のＬ子さんはいま交通事故の後遺症で病床にある。怪我(けが)は快方に向かっているが心の傷はますます深くなる。慚愧(ざんき)とはこのようなことをいうのだろうか。Ｌ子さんはあの夜の事故のことを思い出しては病室の白い壁に頭を打ちつける。泣いても泣いても涙が涸れることはない。事故の悪夢がＬ子さんを苦しめ続けている。

[事故事例　行楽の女性５人死傷]

◇春爛漫。４月の夜のことである。商事会社に勤めるＬ子さんと同僚４人の女性達が連休を利用して行楽旅行を計画した。退社後の出発だから夜の高速道路利用になる。

運転はリーダー格のＬ子さん。運転歴は１年８カ月。高速道路の走行経験は３回目。兄からスポーツカータイプの車を借りた。長時間の運転が少し気になるが、すでに若葉マークもとれたＬ子さんにはひそかな自信があった。

高速道路に入つてから約１時間ほど経つ。時速100キロの緊張にも慣れ、そろそろＬ子さん得意のおしゃべり運転が始まった。車も人も快調、まさに車内は楽しい行楽の雰囲気に包まれている。

そのとき誰かがサービスエリヤの案内板を見て「寄りたーい」と叫んだ。その声に「まかせてー」と気軽に応じながらＬ子さんは、いま先行するタンクローリーの追い越しに懸命である。ロングボディと大きなタイヤを横目で見ながら、初めて味わう時速130キロの追越しで緊張状態にあった。

慣れない高速道路の追越しに一抹の不安はあったがどうやらタンクローリーの追い抜きに成功した。そして元の車線に戻ろうとしたそのときだ。車がぐらりと揺れて横に流れた。わだち掘れにはまったのか、戻したハンドルの角度が大きすぎたのか、とにかくＬ子さんにとっては初めての経験であってその瞬間恐怖で頭が真っ白になった。

そしてこのときＬ子さんがとった行動がじつは最悪の措置だった。あわてて切った急ハンドル、力いっぱい踏んだブレーキ、その急ブレーキと急ハンドルの同時操作は高速走行における最悪の行動だ。制御力を失った車は、そのままあっというまに中央分離帯の防護柵へと突入していった。車はガードロープでバウンドし、さらに２転３転してようやく止まったが、車内は悲鳴と阿鼻地獄、叫喚の巷になっていた。

２人が車外に投げ出されて即死した。他の２人もひしゃげた車に押し潰されるように車内に閉じこめられて死亡した。Ｌ子さんだけが奇跡的にシートベルトに支えられて一命を取りとめたものの顔面挫滅創、胸部強打、右足骨折の重傷であった。

来る日も来る日も白い広い病室の壁を見つめてＬ子さんは懊悩する。あふれる涙はこらえようとしても止まらない。壁に頭を打ちつけ、おえつしながら４人の友に詫びる。詫びても詫びてもあの夜の悪夢がまたよみがえる。楽しいはずだった行楽旅行。それが一瞬のうちに地獄の旅に変ってしまったのである。こんな結果になるとだれが予測していただろうか。そしてその悪夢はＬ子さんの顔面にも生涯消えることのない醜い傷跡を残していった。

償いの道はこれからまだまだ続く。刑事責任、民事賠償責任、遺族への謝罪、呵責に沈む心の旅路は果てしなく続くのである。

この事故はＬ子さんの自信過剰と軽はずみな運転行為によって起きている。そしてＬ子さんならずとも若者達が陥りやすい背伸び運転の結果だが、その代償はあまりにも厳しく重いものだった。

交通事故という名の悪魔は運転者の遊び心を好んでたくみにすり寄ってくる。その悪魔に魅入られた事故事例はほかにも例が多い。

○若者の深夜のドライブ。カーブを曲がりそこねて６人死亡。

○ファミリー旅行の乗用車。ハンドル操作を誤って崖から転落。６人死傷。などなど悲惨な事故が新聞報道されている。

運転者は、航空機でいえば機長、船舶でいえば船長である。人の命を預かり信頼を寄せられてマシンを安全に操る責任がある。そして旅の楽しさをつくりだすエージェントでもあるが、それ以上に重要なことは人の命を預かる最高の責任者であることだ。

『行楽は遊びでも運転に遊びはない』

6 運転にも停年がある

名車も老いるとあちこちと痛みがくる。かつての名ドライバーも忍び寄る老いには勝てない。

長寿国日本の平均寿命は、男77歳、女83歳といわれる。現在、65歳以上の高齢者は全人口の約16％を占め、さらに10年もたつと全人口の約20％が対象高齢者になるというからまさに高齢化社会だ。５人に１人は老人である。

その高齢者達にとって車は大切な生活の道具である。買い物に、行楽に、交際に、通院に、妻との楽しい余生をおくるためにも、なんとも頼りになるのが車だろう。それに高齢化社会が進むほどに国民総エネルギーは低下するのだから、老骨にむち打って若い世代への手助けをするためにも車は欠かせない。

さてその高齢者。現役として何歳くらいまで運転が可能なのかが取りざたされて世間が騒がしい。それもそのはず、このところ高齢運転者による交通事故が増えているからである。交通白書（平成14年版）によると、高齢運転者の運転中の死亡者数は、年間526人にもなり、なお事故増加の傾向にあるという。

「高齢者の運転限界年齢」についてのアンケートによると、高齢者自身（ここでは60歳以上）の回答は75歳から80歳ぐらいだとあった。対して若い世代の意見は55歳から60歳ぐらいまでが限度といっていた。高齢者の心意気もわかるが、若者の目には年寄りの力自慢という冷めた見方があるようだ。

高齢運転者が起こした交通事故の原因を、道路交通法の違反別で見てみると（Ｓ県のある年の例）、

１位	指定場所一時不停止	245件
２位	優先通行車の妨害	122件
３位	前方注視の怠慢（たいまん）	118件
４位	安全確認の怠慢	114件
５位	信号の無視・看過	50件

であった。

この実態から高齢者の運転ぶりを分析してみると、

○標識などに対する気配りを欠く。

○相手の立場を考えるゆとりがない。

○視機能などの衰えが顕著である。

○見たつもりでも認知できない知覚の低下がある。

○ぎくしゃくとして状況判断が遅い。

○交差点の煩雑（はんざつ）さに気配りがついていけない。

などが特徴として見てとれる。

だれでも歳を重ねると心身機能の衰えがくることはやむを得ない。反射神経、反応動作、視力、とくに動体視力は70歳を越えたあたりから急速に低下する。またあるときの高齢運転者の運転適性診断では、約半数の人が視機能について医師の診断が必要だと警告されていた。

道路交通法は運転免許制度のなかで、70歳になった人の免許の更新期間はたとえ優良運転者であったとしても更新期間5年を認めない。また、満70歳以上の免許更新者は「高齢者講習」を受けなければならない。この講習にも種類があって、あらかじめ(更新申請の6カ月から)認定された教習所で受ける「代替講習」の方法や腕試しをかねての「チャレンジ講習」もある。かつての名ドライバーも寄る年波には勝てないことがあることを高齢者に自覚して欲しいということだろう。

高齢運転者に限ることではないが、免許証の「自主返納制度」もある。病気とか高齢による心身の衰えを自覚し、運転することの安全限界を知った高齢者が、自分自身のために積極的に期限満了を待たずに免許の返納をする制度である。
この制度によって自主的に免許を返納した高齢者の主なる返納理由をみると、

○適性検査などの結果から考えて　50.4%
○身体機能の低下を自覚して　34.4%
○家族に勧められて　15.2%

という調査があった。

誉れ高き名車も、誇り高き名ドライバーも、年を重ねるほどに傷みがくる。自分ではまだまだと気負い、むかしとった杵柄(きねづか)と頑張ってみてもそれだけでは車運転の安全は図れない。

高齢者にとって運転免許を手放すとことは過去の栄光を失うような寂しさもある。しかしその躊躇(ちゅうちょ)が「老いの木登り」、「年寄りの力自慢」になって交通事故を起こすことになっては、老後の幸せまでなくしてしまう。

『運転にも停年あり』
運転免許制度に定年制はないけれど、ときに勇気ある決断をすることも高齢運転者の社会的責任ではないだろうか。

7 ドンマイ運転

人生、運否天賦（うんぷてんぷ）の楽観主義も見捨てたものではないが、車の運転だけはドンマイというわけにはいかない。

シンガーソングライター河島英五が「ドンマイ」の詩を唄っていた。

“シュートの１つぐらい外したからって、ドンマイ、ドンマイ、くよくよするなよ”

「ドンマイ」とはドント・マインド（DON'T MIND）の和製英語らしい。マインドは英語で心、意志、考え方などと訳されるから、「ドンマイ」とは「気にするな」「へいきへいき」さらには「このあと頑張れ」の意味で使われているようだ。草野球の外野手が、ホームランを打たれて気落ちしている投手に、「ドンマイ、ドンマイ」と声援を送っていた。

外国にも同じような言葉があるという。タイ語には「マイペンライ」、中国語には「没問題」、韓国語では「ケンチャナヨ」というらしい。「ドンマイ」と同じようにこだわるなという意味のようである。小さいことにくよくよするなということか。（読売新聞コラム欄から引用）

車の運転は、小さいことにこだわるな、１つや２つの事故を起こしてもドンマイ、ドンマイではすまされない。世の中には戻れる道と戻れない道がある。交通事故はそのすべてではないとしても、結果として戻れない道に迷うことがある。この次は頑張れというわけにはいかない。だから交通事故は「経験して学んだのでは遅い」のであり「失敗が成功の道」にはならない。

運転は互いに鉄の箱の中にいて、言葉を交わして相手の意思を確かめることができない作業である。互いに協同してきめ細かく約束動作を実行しあわないとアクシデントが起きる。自分だけはと「ドンマイ・ドンマイ」運転をしたのでは、危険が多すぎるのだ。ドンマイどころか運転するかぎり、生涯油断なく気配りを続けていかなければならない。

最近の安全運転教育に、「安全マインド」という言葉がよく使われている。つまりは「非ドンマイ」のすすめであり、「ドンマイ」の態度を戒めて気配りの高い安全な運転をしようということだろう。同系の言葉に「危険予知能力の向上」とか「危険感受力の養成」がある。

さてつぎに紹介するのは、交通事故を起こして交通刑務所に在監する受刑者たちが、あがないの心でつづった反省の手記である（反省記『贖（あがな）いに日々』から抜粋）。

○「交通事故のほんとうの恐ろしさは起こした本人しかわからないものです」
○「交通事故に『俺に限ってはない』という例外はありません。わたしもかつてはそう思っていた１人でした」
○「被害者のことを考え、妻や子の苦しみを思うと、『これで俺は終わりだ。どうなってもいい』という退廃的な気持ちにさえなりました」
○「罵声（ばせい）のなかで交通事故の現場検証に立ちあったとき、恐怖におののき自分が何を話したのかいまでも思い出せません」
○「交通事故で地位、名誉、財産、信頼、自尊心、人生観のすべてが失われてしまいました」
○「落ちこぼれそうになる私を救ってくれたのは、『あなたには大切な家族がいるのよ』と励ましてくれた妻の言葉でした」
○「一瞬の油断がわたしを罪深い人にしてしまったのです」
○「救急隊の人から被害者は死亡していると告げられたとき、わたしは『殺してくれ』と道路をたたきながら泣きわめきました」
○「交通事故の真の原因には、家族のことも考えない無責任、相手のことを意識しない身勝手、自分をコントロールできない性格の弱さなどの運転態度がそのもとにあるのだと思います」

○「いま思えば、あれほど世間で騒がれている交通事故を、自分の身近にある問題だとで考えて見なかったことを恨めしく思います」

○「交通事故で子供をなくした両親のことを考えると、一生ハンドルは持つまいときめました」

こうした受刑者の切実な叫び声は、交通事故は起こしてから気がついたのでは遅いことを伝えている。

車運転でなによりも大切なことは運転者が強い責任意識を持つことだ。失われた人の命は戻らないし、事故のダメージで自分の人生が一変することすらある。

『ドンマイ運転』

一度や二度の事故などというあいまいな心は車運転には通用しないのである。交通事故に「心配ご無用」はない。

8 点数がなくても免許取消し

違反点数は運転した者につく。だが危険を唆（そそのか）した者は、運転をしていなくても免停・取消しになる。

運転免許の行政処分（免許の取り消し・停止）は、基本的には点数制度によって行なわれる。運転者が違反行為をすると、その危険度によって小は１点から大は25点までの基礎点数が付く。また起きた事故の責任の度合いや死傷の程度によって事故の付加点が加算される。当て逃げ、ひき逃げの付加点もある。

これらの点数が累積されて定められた処分点（最低６点）に達すると運転免許の停止処分が行なわれる。また、15点を超えると危険な兆候が色濃く現れた運転者として免許の取消しに該当する。（別項「まじめ運転が点数を消す」参照）

点数制度の目的は、交通秩序を乱す危険性の高い運転者を、一定期間運転の場から排除したり、運転者に反省、自戒、学習を求める制度である。その意味から点数は、違反や事故を起こした運転者本人に付けられる。

しかし世の中には悪賢(わるがしこ)い者もいる。自分に問題が及ばないように、自らは運転をしないで他の者に違反行為を行なわせる「そそのかし屋」のことだ。雇用主や上司・先輩などが地位や立場を悪用して違反行為の実行をそそのかしたりする。

[事例　上司が酒酔い運転をそそのかす]

◇会社の忘年会でMさんはいささか酩酊(めいてい)していた。今日は電車で帰ると決めていたが、上司のKから二次会に行くから運転を頼むと耳打ちされた。飲んでいるからと一旦は断ったが立場上むげにもできず、やむなくKの車を運転することになった。上司のKも運転免許を持っている。Kは自分は運転をしていないから、たとえ警察の取締りに遭ってもとがめを受けることはない。ましてや運転免許の取消し・停止などがくるわけはないという下心もあった。もし運悪く取締りにあったら、そのときはMの罰金ぐらいは面倒を見てやらなければならないかなと考えていた。

出発をしてまもなく、Mさんの車が右折の際に横断中の自転車に接触して乗っていた女性を死亡させる事故を起こした。飲酒運転による死亡事故である。

この事故で当然のことながらMさんは運転免許取消しになる。そして、上司のKにもまた運転免許の取消し処分の通知がきた。

立場上断りきれないから運転をしたといっても、運転者である限りMさんの責任は免れない。だからといってそそのかした上司のKは運転をしていなかったからと違反点数もなく放任されるというのではあまりにも不条理である。

道路交通法はこうしたことを考慮し、「点数制度によらないで免許の取消し、停止を行う（道路交通法第103条）」ことを定めている。そのなかの1つに「重大違反をそそのかしたときは、取消しまたは6カ月越えない範囲の停止をする」とある。まさに上司のKはこの**「重大違反そそのかし等」**の危険行為に該当し、直接に運転をしていなくても、また点数制度による点数が付かなくても、免許の取消しに該当する。

ちなみにここでいう「重大違反」とは、1違反点が一発6点以上の基礎点数になる行為をいう。たとえば、酒酔い運転、共同危険行為、無免許・無資格運転、酒気帯び運転、過度の速度違反などは当然にこれにあたる。なかでも基礎点数が25点になるような酒酔い運転、麻薬等運転および共同危険行為のそそのかしには「免許取消し」の厳しい処分が待っている。

『点数がなくても免許取消し』

運転をしていないからと知らぬ顔は許されない。「天網恢恢疎（てんもうかいかいそ）にして漏らさず（悪事にはかならず報いがあること）」である。

9 運転責任は予見の義務と回避の義務

ルールの違反がなくても事故責任が生じる。それでは、運転者責任とは何をもって言うのだろうか。

道路交通法のルールに違反していないのに事故の責任を負わされたと、友人のぼやき話を聞いたことがあると思う。たとえば、

[事故事例１　速度違反をしていないのに]

◇混雑する買い物道路は規制速度40キロである。その速度に違反はしていなかったが、駐車車両のかげから横断を始めた買い物客を避けきれず、人身事故を起こした。こちらには落度がないと思っていたら、運転者にも過失責任があるとして罰金刑になった。

[事故事例２　歩行者が急に後戻りして]

◇信号機のない交差点の中ほどに横断する老人がいた。その後ろ側を通過しようとしたら老人が急に後退を始めた。避けることができずに接触して人身事故となった。悪いのは歩行者のほうだと主張したが受け入れられなかった。

速度違反をしていないのに、横断歩行者妨害をしたわけではないのに、なぜ事故の責任があるのか運転者は納得がいかないようである。

それでは運転者の責任とはいったい何をもって言うのだろうか。ここらでもう１つ運転責任の原点を探ってみる必要がありそうだ。

ところでちかごろマスコミなどで「予見」とか「予見可能性」という言葉をよく使っているのをご承知だと思う。たとえば、

[事例１　製薬会社に薬害の予見可能性があった]

◇製薬会社は、当時の状況から薬害（エイズ感染）が起きることは「予見可能」であった。当然に販売をやめるなど事故を回避する措置をとる義務があった。

[事例２　雑踏事故の危険は予見が可能だった]

◇○○市の祭礼で死傷者多数の雑踏事故が起きたが、過去の事例からも主催者等においてその危険が充分に「予見可能」であった。にもかかわらず対策を怠り本件事故が起きたのは、主催者、警備担当会社、警察の三者に相応の過失があった。

[事例３　信楽高原鉄道の正面衝突事故は予見ができた]

◇単線鉄道の上り下り列車を待ち合わせする信号所に到着した列車は、対向の列車がきていないのだから当然に不審を感じ、このまま進めば衝突の危険があることが「予見可能」であった。したがって運転士は電話連絡などで安全を確かめる義務があった。たまたま信号が青（機器の故障）だったからとして安易に出発して死傷者656人を出す正面衝突を起こしてしまった。運転士にもまた重大な過失責任があったといわざるをえない。

これらはいずれも業務上過失による致死傷事件についての判決である。ここでいう「予見可能」とは、死傷の結果を引き起こすかもしれない危険な事態を予見できる状況をいう。上記の製薬会社、混雑行事の主催者、列車の運転士はそれぞれ事故や事態の発生が「予見可能」であった。危険の予見ができたのだから積極的に事故を回避する措置をとる責任があったといっている。危険なものを取扱う者は、うっかりしたとか、気がつかなかったとかの弁解は許されないとしている。

自動車運転も１つ誤れば、人の生命身体に重大な危害を及ぼす恐れのある行為だから、運転者は積極的に危険を「予見」し、事故を「回避」する義務があり、運転責任の基本がここにある。

とはいうものの道路交通の場の危険は無限なほどに数多く存在する。運転を始める者にいきなりそのすべてについて充分な気配りをといっても負担が重すぎる。そこで道路交通法が、一般的に起こりやすい危険行為についてはルールという共通の行動規範を定め、運転者がこれを守ることによって、容易に危険に対する「予見」と「回避」が行なえるようにしている。だがこの道路交通法も、潜在する危険をすべてルールという形で示すことはできない。冒頭にある事例の買い物客横断のトラブル、横断老人の後戻りなどを具体的にルールで示すことは困難である。(別項「道路交通法の泣きどころ」参照)

そこで次の判例に注目していただきたい。

【判例　ルールを守るだけでは責任を果たしたとはいえない】

◇「運転者が交通事故を起こさないためには、法令（ルール）にしたがって運転することはもちろんのことだが、しかしそれだけでは充分とはいえない。車運転によって他人の生命や身体に危害を及ぼす恐れがあるときは、法令に定めが有ると無いとにかかわらず、可能であるかぎりにおいてその危険を「予見」し、可能であるかぎりは事故を「回避」する責任がある。(要点解説)」

いささか難しい表現だが、たとえば道路にボールがころがり出れば運転者は子供が飛び出す危険を予測して、当然に減速、徐行などの事故回避の措置をとる、そのことである。さきの事例の混雑する買い物道路の横断者も、高齢横断者の後戻りも、運転者はその場の状況から事故になるかもしれないと危険の「予見が可能」であった。そこまでルールにきまりがないからと責任を回避することは許されないのである。

だからといっても、法は不可能を強いない。「予見」、「回避」の義務は、通常の運転者であれば誰もがその危険を考えることができる範囲のことであり、不可抗力事案あるいは運転者にそれを期待することが不可能な事態についてまで責任を負えとはいっていない。

さてこうして見てくると、運転責任の基本はルール順守はもとよりのこと、

『運転責任は予見の義務と回避の義務』

であることを自覚し、心に銘記しておかなければならない。人命は地球より重いのだから……。

10 3割多い交通事故死者

年末になると今年もまた交通事故死者1万人うんぬんと知らされる。だが実際の死者数はさらに3割も多いのが現実。

毎年師走の声を聞く頃になるとマスコミが、今年もまた「交通事故死者1万人……」と交通事故の厳しさを伝えてくれる。この数を聞いて一度はうーんとうなるのだが、慣れしてしまったせいかそれ以上の刺激がない。世間も大変だ、大変だと大騒ぎをする様子もない。

死者約1万人。それは考えてみると大変な数である。もしこの1万人が地震などによる集中的な被災であれば世間は驚愕(きょうがく)して声を失い、もしこの1万人が殺戮(さつりく)による被害者であったとしたら世人は恐怖におののく。同じ人の死であるのに、交通事故死者1万人はなぜか人々に強い危機感を抱かせない。車社会の利便と引き換えにやむなき代償とあきらめているのだろうか、いや自分にはかかわりのない他人事と割り切っているのかもしれない。

ところで1万人うんぬんといわれるこの死者数は、実際にはさらに3割あるいは4割多いのが実情である。さては誰かが意図的に隠して国民の目を欺(あざむ)いているのかというと、そういうものでもない。あくまで交通事故統計のとり方による違いである。

標準的な交通事故死者数の統計は警察庁が公表する「24時間死亡統計」である。警察庁方式とも呼ばれるこの統計の特徴は、交通事故が起きてから24時間以内に

死亡した人をもって事故の死者とし、事故後24時間を過ぎてから死に至ったときは、統計的には事故発生時に登録した負傷者のままとするものだ。だから「24時間死亡統計」といわれるのだが、現実には24時間を超えて死亡する人の数も少なくないから、この統計数値はむしろ控えめのものといえる。

統計の目的は、数や事象を比較して事態を分析し事後の対策に役立てるためにある。だから、できるだけ早く公表し、しかも累年比較ができる安定したものであることが期待される。その年ごとに統計の方法が変わったり、いつまでたっても数字が定まらないようでは役に立たないわけだ。「24時間死亡統計」はそうした目的の上で有効にまとめられている。

交通事故の死者には、即死する人もあれば、救命救護の甲斐もなくやや時間を置いてから死に至る人もいる。なかには重度障害のまま長い闘病生活をする人もいるだろう。となると統計としては、どの時間をもって交通事故の死者ととして計上するか、考えが分かれるところだ。

諸外国では、ポルトガルの「即死統計」、ギリシャの「３日死亡統計」、フランス・イタリアなどの「７日死亡統計」などがあるが、世界の大勢としては「30日死亡統計」が多いようである。

我が国の警察庁統計も最近では、さきの「24時間死亡統計」のほかに「30日死亡統計」も採用している。

平成12年を例にとってみると、その年の「24時間死亡統計」が死者数9,066人であるのに対し、「30日死亡統計」では死者数10,403人となり、その差は1,337人と後者のほうが約15%多い。

交通事故死者の統計にはもう１つ厚生労働省の「人口動態統計」がある。こちらは航空、海上の交通事故も含め、事故後１年以内の死亡者を対象としている。発表も１年後となりかなり遅くなるが死者数としては実態に近いものを示している。

平成12年の「人口動態統計」の道路上の事故死者は12,565人であり、これを「24時間死亡統計」の死者9,066人に比較すると、およそ３割から４割多い数になる。

ここで統計方法の是非を論じるつもりはない。重要なことは、日頃われわれが目にし耳にする「24時間死亡統計」の年間死者数約１万人でも恐怖であるのに、現実の交通事故の死者数は、さらにそれよりも３割も４割も多いという事実を知ることだ。運転の戒めといたしたい。

統計別の交通事故死者数の比較（単位：人）

	警察庁交通事故死者統計		厚生労働省人口動態統計
	24時間死者数	30時間死者数	1年以内死者数
平成10年	9,211	10,805	13,176
平成11年	9,006	10,372	12,858
平成12年	9,066	10,403	12,565

注1　厚生労働省人口動態統計の統計は道路上の事故死者を示す。
注2　各統計数は「交通白書」による。

「24時間死亡統計」による近年の死者数は、平成13年では8,747人と減少傾向を示している。

しかし、救急医療技術の進歩によって事故後24時間を超えて当事者の生命が維持されることが統計数に作用しているとしたら、果たして手放しで喜んでよいのか不安になる。

事故発生件数および死者、傷者を含めた全体の数は年々増加の傾向を示している。

『３割多い交通事故死者』

この現実を直視し、あらためて安全運転へ真摯（しんし）な取組みをしたい。

第2章

ルールの基本

道路交通法が定めるルールは、運転者が過去に起こした失敗の事例集。ルールを守ることは身を護ることだ。
この章では、道路交通法が運転者に期待する理念と抱える悩みをのぞいてみる。

1 道路交通法の泣きどころ

道路交通法は安全運転のバイブル。万能と思われるこの道路交通法にもじつは泣きどころがある。

強い弁慶にも泣きどころがある。そして道路交通法にも泣きどころがある。というのも道路交通法は、事故防止上で大切なことがらを、いま１つ運転者の皆さんに具体的に伝えきれない悩みを持っているからだ。なに？　運転者にとっては聞き捨てならない話である。

道路交通法といえば、いうまでもなく交通事故を予防するための基本的な法律である。そこには免許制度や道路の使用などのきまりもあるが、なんといっても核心になるのは交通方法の定めである。過去に起きた交通事故を経験則にして再発防止のためにルールという形で安全な交通方法を示している。「車両の交通方法（第３章)」「運転者及び使用者の義務（第４章)」「高速道路における自動車の交通方法（第４章の２）」などがそれである。このルールを守ることによってまずは最低限の安全運転関係が保たれるわけだ。

ちなみに道路交通法のなかで違反と名がつく項目を数えてみると（免許などの制度的規定を含む）なんと180項目以上もあった。これだけきめ細かく定めているのだからもうこれ以上はないだろうと思うのだが、道路交通法は、ある肝心なことについて運転者の皆さんに具体的に示せていないと悩んでいる。さてその悩みどころ泣きどころとはなんだろう。

事故の原因を道路交通法の違反別に調べてみた。トップは「安全運転義務違反」であった。だが「安全運転義務違反」といってもいまいちピンとこないのである。第一この違反でとがめられたとか取締りを受けたという話はあまり聞いたことがない。ところが、このなじみのない違反による交通事故が全事故の約７割を占めているのである。事故原因を違反別にワースト順に並べてみると、「安全運転義務違反」(69.3%)、「一時停止違反」(5.7%)、「交差点安全進行義務違反」(5.4%)、「信号無視」(3.9%)、「優先通行妨害」(2.6%) となっている。続いて徐行違反・歩行者妨害・右左折方法違反・通行区分違反・最高速度違反などがある。

「安全運転義務」とはなんだろうと道路交通法の条文を読んでみると、

「運転者は、ハンドル、ブレーキなどの装置を確実に操作し、また、道路、交通および車輌の状況に応じて、他人に危害を及ぼすことのない安全な速度と方法で運転しなければならない。(道路交通法＝第70条要約、３カ月以下の懲役５万円以下の罰金)」

とあった。「一時不停止」「速度違反」「信号無視」などと違って、なにやらまことに抽象的なルール規定である。

この「安全運転義務違反」の内容は、実際に起きた事故形態で見たほうが解りやすい。次の危険行為がこれに当たる。カッコ内は典型的な事故の事例を示した。

①「わき見運転」(工事現場に気を取られて脇見(わきみ)をした事故)

②「漫然(まんぜん)運転」(考え込んだりぼんやり運転をした事故)

③「前方不注視運転」(幼児、老人などの動きに気配りを欠いた事故)

④「動静(どうせい)不確認運転」(大丈夫だろうと思い込んだ油断の事故)

⑤「不適切な速度の出しすぎ運転」(狭い道やカーブなどで環境・条件に相応しくない過度の速度で運転した事故)

⑥「ハンドル・ブレーキ操作の誤り」(ブレーキとアクセルを踏み間違えた事故)

などである。こうして並べてみると、あ！ そうかよくある事故だなと理解できる。

それでは道路交通法はなぜ「わき見運転違反」とか「漫然運転違反」というルールを定めないのかということになるが、じつはここに道路交通法の悩みどころがあるわけだ。

「わき見運転」「漫然運転」「動静不確認運転」「ハンドル・ブレーキ操作の誤り」といってもその実情は様々である。それに「わき見」も「漫然」も事故になる前の内心にある運転者の不適切な運転態度であって、これを事前に外から危険だ違反だと指摘するのはむずかしい。いかに法律であっても、人の心の内にあるものだけをとらえて罪とするわけにはいかない。

安全運転のバイブルを自認する道路交通法が、事故原因の７割にもなるこれらの危険を無視していると思われては体面にかかわる。そこで道路交通法はこれらの危険な行為を抽象的ながら右のような「安全運転義務」という条文にひとまとめにして、安全な運転をしなさいと示した。やむなく付け加えた規定だから法律的には「補完規定」と呼ばれている。

運転者がこの「安全運転義務違反」の失敗をしたと認識するのは、多くの場合、事故を起こしてからである。つまり、速度違反、一時不停止、信号無視など具体的な定めのルール違反ではなく、「わき見」「漫然」などの運転態度不適切な行為が事故の原因であったときにこの違反が適用される。

「安全運転義務」。それは道路交通法の悩みどころ泣きどころの総まとめである。しかも事故原因の７割がここにあるのである。道路交通法上は補完規定といわれても運転者にとって重要な踏ん張りどころである。しかもその危険因子は運転者の内心にひそむ危険な運転態度だから、運転者自身の努力でしかこの過ちを防ぐ手だてがない。

『道路交通法の泣きどころ』

「安全運転義務違反」には取締りがないからなどといってはいられない。

2 酒は涙かダメ生きか

酒も車も人生を楽しませる。だが、酒は開放の楽しさ、そして運転は緊張の楽しみであり互いに相入れない。

“酒は涙かため息か”といえば昭和歌謡史の大御所、古賀政男の名曲である。詩は、《酒は涙か溜息(ためいき)か、心の憂(う)さの捨てどころ》と唄い、酒が人生の苦悩を忘れさせてくれるといっている。その意味では酒はたしかにストレス解消の妙薬、まさに百薬(ひゃくやく)の長である。

酒の歌にもいろいろある。しかし黒田節などを除いてはマイナー調のいわば耽溺(たんでき)型の歌が多いようだ。“悲しい酒”“なみだ酒”“おもいで酒”“夢追い酒”“酒よ”“舟歌”などなど、いずれを歌っても意気軒高(いきけんこう)というわけにはいかないようだ。だが酒を飲むことによって、いらぬ気配りを忘れ、浮世の苦労も気にならず、自分の好きな小宇宙をつくることができるのだから酔いは人生の休憩所でもあり、人はそこに楽しさを見つける。

ところで酒に酔うと人は陽気になり奔放(ほんぽう)になり、また人によっては激情、冗舌、雄弁、粗暴になったりもする。だからといって酒は興奮剤でも幻覚剤でもない。医学的には酔いとは大脳の麻痺による知性、理性の後退だという。

大脳には新しい皮質と旧(ふる)い皮質と呼ばれる領域がある。新しい脳は人類が進化とともにつくりあげてきたホモサピエンスの脳であり、知性、理性そして抑制という高等な働きをつかさどる。一方、旧(ふる)い脳は、恐竜時代から受け継いできたいわば動物的領域であり本能的な部分を受け持つ。

酒に酔うということは、まずこの新しい脳が麻痺(まひ)することだ。ために人は理性を後退させ、抑制から解き放たれ、小事にこだわらず、他人への気配りも忘れ、陽気になったり粗暴になったりして自分の世界に入り込む。新しい脳が麻痺すれば、代わって恐竜時代からの動物的、本能的な旧い脳の働きが活発に前面に出てくる。それぞれの酒癖といわれるものも出てくる。

飲酒量とめいてい度

①おしゃべり期
（清酒１～1.5合ぐらい）

- 自分では酔っていると思わない。
- 抑制がとれて陽気になる。
- 決断ははやいが誤りやすい。
- 座りなおしたりおしゃべりになったり。

◎反応時間が正常時の２倍にのびる。

②はなうた期
（清酒２～３合ぐらい）

- ほろ酔いの気分を感じる。
- 快活で有頂天になる。
- 注意力はにぶり、判断が遅い。
- はなうた気分。千鳥足。

◎死亡事故を起こす可能性はしらふのときの16倍といわれる。

①れろれろ期
（清酒５合ぐらい）

- 酩酊を自覚する。
- 意識はかなり不明瞭。
- けんかをしたり乱暴になる。
- 歩行は困難、言葉はれろれろ。

◎車はまともに走らない。事故！

①だきつき期
（清酒7合以上）

- こんすい状態になる。
- 中枢マヒ、体温低下。
- 身体はグニャグニャ、小便をもらす。
- 電柱に抱きつき、どこでも寝込む。

◎放っておくと死亡することもある。

注　血中アルコール濃度と人の行動については個人差があり一様ではないが、ここでは飲酒が運転に与える影響をわかりやすく説明するため標準的なまとめかたをした。

[事故事例　エリート店長の失速]

◇Kさんは将来を嘱望された食品マーケットの店長である。だがその栄光は一夜の酒とともにすべて流れ去ってしまった。

事故のあったその夜はイベント打ち上げの慰労会だった。久しぶりに飲む酒に店長はいささか酩酊（めいてい）した。やがてお開きになりいったんは駅に向けた足だったが、ふと思い出してみんなと別れた。

近く本社の業務調査がある。それに備えて調べておきたいこともある。幸いに車は店に置いてあるし、２時間も調べ物をしていれば酔いも醒（さ）めると考えた。車で帰れば明日の出勤にも都合がよい。それほど飲んだつもりはないからまずは心配がないはずと自分に言い聞かせた。実は、これこそが抑制のとれた大脳の言い分であり、酒がそう言わせていることを本人は気がついていない。

午前２時ごろ店を出る。まだ酒と同行二人である。しかも深夜の帰宅は心をせかせ、閑散な夜の道路が無意識にアクセルを踏み込ませる。

はっと目を見張った。が、そのときにはすでに遅かった。目の前に黒い衣服の横断者を見つけたのだ。あわてて急ブレーキを踏み、急ハンドルで避けようとしたが間に合わない。結果は横断歩道を渡る歩行者をボンネットにはね上げ路上に叩きつけて死亡させてしまった。飲酒運転による横断歩道上の死亡事故である。

この事故で店長の人生は一変した。実刑判決、多額の損害賠償、運転免許取り消し、解雇処分、そして悔いて戻らぬ自虐（じぎゃく）の苦しみと、飲酒運転のつけはあまりにも厳しかった。店長がこれまでに営々と積み上げてきた栄光のすべてが、この一夜の酒ですべて流れ去ってしまったのである。

車運転は一瞬の油断も許されない緊張の世界である。その緊張のなかにこそ車運転の醍醐（だいご）味があるという人もいるくらいだ。だから車運転は緊張のなかに求める充実の楽しさということができる。対してお酒の方は、心の緊張をほぐし抑制を払いのけ、解放と融通の楽しさである。となると運転者はその一方だけしか選べないはずである。

酒（アルコール）は脳を麻痺（まひ）させる飲料であることを忘れてはならない。たかが酒、少しくらいの酒とあなどっていると、Ｋさんの事故が教えるように、ある日突然に人生をダメにしてしまう。このくらいなら心配はないよと運転者の耳元でささやく。その酒の誘いに（いや自分に）負けたときに不幸がやってくる。

『酒は涙かダメ生きか』

ため息どころかその１杯の酒が人生をダメにしてしまう。

❸ 道路交通法に「優先権」はない

道路交通法に「優先」の文字はあっても「優先的権利」はない。権利の主張で交通の安全は図れない。

道路交通法に「優先権」の定めはないというといささか反論がありそうだ。たしかに道路交通法には「優先道路」、「緊急自動車の優先」、「路線バス等優先通行帯」など「優先」の言葉が使われている。また「優先」の文字こそ使っていないが事実上通行の優先・優位関係を示すものとして、「右折車に対する直進車・左折車の優位」、「広路通行車の優位」、「信号機のない交差点における左方車の優位」などがある。「指定場所の一時停止」も立場を変えれば優位関係を意味しているものといえよう。

こうした「優先」あるいは「優位」関係は、あたかも一方の車が他方の車に対して「優先的通行権利」を持つように解釈したくなるが、ちょっと待っていただきたい。じつは道路交通法は「優先」の文字を使ってはいても、一方が他方に対して排他的な優先権があるとはどこにもいっていないのである。それでは道路交通法のいう「優先」とは一体なんだということになる。

まず優先、優位関係を示す各条文を読んでみよう。優先側の「権利」などの言葉はどこにも見当たらない。あるのはその逆で、優先でない側の車に対して「相手の進行を妨害してはならない」ときまりを設けているだけである。事例を示すと、

○優先道路を通行する車の、『進行妨害をしてはならない』

○右折車は、直進し、あるいは左折する車の『進行妨害をしてはならない』

○交通整理が行なわれていない交差点では、左方から進行してくる車の『進行妨害をしてはならない』

○道路標識等により一時停止する車は、交差道路を通行する車の『進行妨

　害をしてはならない』。
といったぐあいである。
　つまり道路交通法は、交差交通の安全と円滑をはかるために優先、優位関係を設けて秩序づけしているが、その安全関係の成立はあくまで優先や優位でない側の車に、「進行を妨げない（譲る）」義務を課し、その義務の履行をもって事実上他の車の優先・優位関係を成立させようとしているのである。つまり道路交通法のいう「優先」「優位」とは、相手方の譲る行為の反射効果として成り立つものであって、「優先的通行権利」などの言葉はどこにも使っていない。もし優先的権利が設けられて強制的、排他的に優先交通関係をつくったとしたら、情け容赦もなく人命が失われることになることだろう。

　国民のすべてが車を利用し交通関与者となった今日の車社会では、その交通の安全を図る基本理念は、あくまで互いの注意深い行動によって確保することにある。交通整理の基準として前述のような「優先」や「優位」関係が設定されているのはそれらを前提にしたうえである。そのことは、道路交通法が、交差交通については、信号機の有無、道路の広狭、右左折などのいかんを問わず、すべての車に、
「交差点に入ろうとし、交差点を通行するときは、交差点の状況に応じ、他の車両、横断者にとくに注意し、できる限り安全な速度と方法で進行しなければならない。（交差点安全進行義務）」
と定めていることからも理解できる。

　車運転はいわば過失を全く否定できない弱い人間同士の行動関係である。だから交差点の通行も「権利」とかではなく、あくまで互いの立場を意識した気配り、優しさ、思いやり、譲り合いを基本において行動することが求められている。

　過密・渋滞という交通事情のなかで車を走らせるとなると、運転者はついつい先を争い先を急ぐことになる。優先、優位の立場であればこれを権利のように主張して先陣争いを強行したくなりがちである。もし交差点が権利の主張で排他的、

一方的な通行になったとしたら事故は多発し死傷者が激増することであろう。そこには今日の加害者は明日の被害者になり、やがて明日の被害者がさらにリベンジする救いなき殺戮の交通社会が生まれる。

さてさて道路交通法の優先関係とは、相手の譲る義務の履行に期待し、その履行をもって成り立つものである。救急車は、サイレンを鳴らして他の車に優先関係を知らせながら、しかも相手の譲る行動を確かめつつ、安全に緊急の役目を果たしている。

『道路交通法に「優先権」はない』

このことをしっかりと理解し、事故を起こさないゆとりのある安全運転を続けたい。

点滅信号は交通整理をしていない

点滅信号は交差点の交通整理をしていない。黄色点滅だからといって赤色点滅に対する通行の優先はない。

信号機の赤色の点滅、黄色の点滅は、交通量の少ない夜間の交差点などに円滑な通行を配慮して現示されている。

点滅とはいえ、れっきとした信号機が表示する合図だし、また、道路交通法にもはっきりと点滅信号の意味が示されているのだから、信号機は責任をもってしっかりと交差点の「交通整理をしている」ものと信用したい。だから黄色点滅は、赤色点滅の一時停止に対して当然に「優先」であると考えたくなる。

だがこの点滅信号は、交差点の「交通整理をしている」信号ではないという。それはおかしいよと言いたくなるが、じつはそれほどこの問題はかつて法曹界を分けて侃々諤々論議されたことがあった。「点滅信号とはいえ信号機の表示だから交通整理をしている交差点である」という意見と、「いや、黄色点滅も赤色点滅も注意深く進行せよというだけで交差点の交通整理はしていない」という論争である。

今日では、次の判例が示すように「交通整理をしていない交差点」であることが定説となっている。

点滅信号における車両の注意義務

信号の種類	信号の意味（要点）
黄色灯火の点滅	他の交通に注意して進むことができる
赤色灯火の点滅	一時停止をして確かめてから進む

【判例　点滅信号は交差点の交通整理をしていない。】

◇「道路交通法で『交通整理』をしている交差点というためには、信号機あるいは警察官の手信号で、『進め』『注意』『止まれ』を交互に指示するものをいう。その指示によって一方を自由に進行させる反面、他方の車を停止させる整理をする。

これに対して点滅信号は、交差する車両のそれぞれに、『注意進行』と『一時停止』の義務を課してはいるが『進め』『止まれ』という整理はしていない。したがって点滅信号は道路交通法がいう『交通整理が行なわれている交差点』ではない。（要点解説）」

さてこうなると信号機のない普通の交差点と同じことだから、黄色点滅が赤色点滅に対して優先通行ができると思うのは誤りということになる。うーむ、それでは黄色と赤色の優先関係はあるのかないのか、わからないとまだ疑問が残る。そこでふたたび裁判所の見解（判例）を引用する。

【判例　点滅信号は、互いに注意をして進めというだけである】

◇「黄色の点滅信号の意味に、『他の交通に注意して進行する』とあるが、それは信号機が進め、止まれの交通整理をしている交差点ではないから、あくまで危険度の高い場所としてより高い注意をして安全に進行するよう警告している意味にすぎない。黄色の点滅が赤色の点滅に対して優先進行を認めているというわけではない。黄色の点滅であっても交差点の状況や他の交通に注意して進むということである。（要点解説）」

もちろん他方の赤色の点滅に対してはさらに注意度の高い「一時停止」と安全確認を義務づけている。さらに敷衍（しえん）すると、交差点の左右の見とおしがきかない交差点であるときは、黄色の点滅側もまた当然に徐行の義務（法第42条）がある。

物流の立役者として活躍する貨物自動車が、夜を徹して緊張の走りを続け、夜も白みかけたころにようやく目的地の近くに到着する。そのとき比較的交通閑散な郊外の交差点でこの点滅信号に出会うことがあると思う。安堵感が重なって黄色の点滅信号に安心し、他の車に対する注意も尽くさず交差点に飛び込むと、思わぬ事故に出会うことになる。よく起きる事故のパターンである。

ちなみに、歩行者は、黄色点滅でも赤色点滅でも「他の交通に注意して進むことができる」になっている。

『点滅信号は交通整理をしていない』

解釈を誤り事故を起こさないようくれぐれも運転にご注意を。

5 お猪口（ちょこ）3杯でも酒酔い運転

酒の酔い方は人によって違いがある。酔いは酒の量だけではない。
お猪口3杯でも危険な酒酔い運転になる。

道路交通法はお酒を飲むことを禁止していない。禁止するのは飲酒して運転をすることである。なにしろアルコールは大脳の働きを麻痺させる楽しくも危うい飲み物であり、集中力、判断力、反応力、自制力を減退させるものだから車運転にはなじまない（別項「酒は涙かダメ生きか」参照）。

酒を飲むと大なり小なり大脳が麻痺して運転の正常性を欠く。だから道路交通法は、「なんびとも、酒気を帯びて運転をしてはならない」と酒気をおびて運転することを全面的に禁止している。もちろんビール１杯でもこれに当たるが、まだここでは罰を定めてはいない。

酒の酔いには上戸（じょうご）もあるし下戸（げこ）もある。また体質、体重、体調、性別、食事の前後などによっても酔いの程度に違いがある。ダブルのウイスキーを飲んでも酔った気配がない人もいれば、お猪口３杯のお酒でもかなりの酩酊(めいてい)をする人もいる。

道路交通法が最大の危険として警告するのは「酒酔い運転」だ。つまり「酒に酔って正常な運転ができないおそれのある状態」で運転することの禁止だ。罰則も３年以下の懲役と厳しい。もっとも最近では刑法の改正があって危険を承知で飲酒運転をする行為はもはや過失ではないとして**「危険運転致死傷罪」**が設けられた。15年以下の懲役という厳しい刑罰である。

酒に酔って運転することが危ないことはだれもが知っていること。だからこれを承知で運転する人はまずいないと思うのだが、そこが酒の怖さ、自覚がないまま酩酊をして運転をする人もいる。下戸となるとお猪口３杯のお酒でも酩酊することがある。

[事例　お猪口(ちょこ)３杯で酒酔い運転]

◇Ｑ子さんは送別会の帰りに飲酒運転の取締りを受けた。免許証を見せて呼気検査を受け質問に答えたあと警察官から、あなたは「酒酔い運転違反」ですと通告された。日頃はもの静かなＱ子さんだがこのときは手を震わせ真っ赤な顔で抗弁した。

「お猪口３杯ぐらいしか飲んでないわよ。なんで酒酔い運転なのよ！。私の知っている人なんかね、お銚子２本飲んでも「酒気帯び運転」で済んでいるんだから、おかしいよこれ。」と声高にまくしたてた。この間、身体は前後に揺れ動き、真っ直ぐに立っていられない。目は充血し、髪は乱れ、言葉づかいも正常を欠いている。そしてわめき疲れたのか、青ざめた顔で気分が悪いとしゃがみ込んでしまった。すでに正常な運転ができない危険な状態にあった。

Ｑ子さんはれっきとした「酒酔い運転違反」である。というのも「酒酔い運転」には飲酒の量（アルコールの体内保有量）のきまりはなく、正常な運転ができない状態であればこれにあたる。その判定は、言語の乱れ、ふらつき歩行、直立不能、酒臭、顔色、目の充血、毛髪の乱れ、衣服の汚れなどの表徴を総合的に鑑定して行なう。この場合呼気検査が0.15ミリグラム以下であっても、Q子さんのようにすでにアルコールの影響を受けて、運転をすることが危険な状態であればまさに「酒酔い運転違反」そのものなのである。

いささか余談になるが、女性は男性にくらべて酒の回りがはやいといわれる。体重が少ないから、脂肪体質だから、アルコールの溶解力が悪く体内への滞留が長いとか、いろいろと学者の研究がある。ともあれQ子さんは、飲んだ量は少なくても体質的に運転を続けることが危険な状態にまで酔っていたのである。

道路交通法は事故予防のための法律である。正常な運転ができない「酒酔い運転」状態になってから罰を科しても手遅れになる。そこで通常は、飲酒者が酒の影響を受けて運転を誤る危険が多くなる一般的基準としての、呼気１リットル中に0.15ミリグラム以上のアルコールが検出されると、体内では血液１ミリリットル中に0.3ミリグラム以上のアルコールが蓄積された危険な領域になっているのでこれを「酒気帯び運転違反」として警告をする。「１年以下の懲役30万円以下の罰金」になる。

よく間違うことだが、「酒気帯び運転違反」がはじめにあって、さらに酒の量が増すと「酒酔い運転違反」になるという解釈は正しくない。Q子さんはわずかな酒量でも正常な運転ができない「酒酔い運転違反」状態になった。

『お猪口３杯でも酒酔い運転』

酒の弱い人に、「ま、少しぐらいなら」と無責任に飲酒をすすめるのは禁物。場合によっては飲酒をすすめた人も「酒酔い運転」の手助けをしたとして責任を負うことになる。

6 青信号は安全を保証していない

青色の信号表示は「進む」だが、進むことの安全は保証しない。運転者は状況を判断して進めといっている。

青信号は「進む」である。だから青色の燈火(とうか)を見たときの運転者はほっとする。速度もゆるめず軽快に交差点に入る。だがこの青信号は進むことについての絶対の安全を保証してはいない。

道路交通法がいう青信号の意味は、ご存知のとおり自動車については、「直進し、左折し、右折することができる」となっている。だがここで気に留めていただきたいのは「することができる」という条件付きであることだ。つまり安全でないような状況のときは進まないことを意味する。うーむ、それでは青信号だからといっても信用できないではないかと苦情が出そうだ。

道路交通法の定め方には2つのタイプがある。「○○してはならない」という断定的なものと、「○○することができる」という条件的なものだ。赤色の信号の意味は「進行してはならない」と断定的な禁止だ。しかし青色の信号は「進行することができる」と選択的である。青だからといっても危険な条件があるときは慎重に判断して進むを意味している。

裁判所の判例を引用する。

【判例1　青信号だからといって、前方注視義務までは免除できない。】

◇青信号にしたがって交差点に進入しようとする運転者は、基本的には赤信号である左右の道路からは車や歩行者が進入しないと信頼してもよい。しかし、この事故（係争事件）の場合は、信号変わりを待ちきれずに赤信号で横断を始めた歩行者があり、しかもその状況は、前を見ていれば運転者によく認識できることであった。そのまま進めば当然に歩行者と接触する危険がある。しかも発見当時はまだ距離もあって交通事故を避けることができた状況なのに、漫然と運転したため前方の注意を怠り、歩行者をはねて死亡させたのである。いかに信号が青色であっても、運転者として基本的な注意義務であるはずの「前方注視の義務」まで免除するものではない。運転者に過失責任がある。(要約)」

【判例２　朝日のまぶしさは運転者の弁解にならない。】

◇青信号で交差点に進入したとき朝日がまぶしくて交差点内の安全確認ができなかったというけれど、このようなときには運転者は、徐行するなどして交差点の安全を確かめて進む義務がある。これを怠(おこた)ったために横断を始めた老女（赤信号で）の発見が遅れ、死亡させるに至ったことは、運転者にもまた相当の過失責任がある。(要約)」

いずれも信号にしたがって進行中に起きた事故である。裁判所は、いかに青信号だからといっても、前方をよく見ていなかったり、まぶしくて前が見えないのに徐行もせずに死傷の結果を起こしたのは運転者にも過失責任があるとしている。つまり青信号は進むことはできるとしていても、その進行の絶対的な安全までは保証してはいないのである。こうした事故を起こさないためにも、道路交通法は、あえて「交差点の安全進行義務（法第36条４項)」を定めて運転者にもろもろの注意を促している（別項「道路交通法に「優先権」はない」参照)。

さてさて信号機はあくまで３色表示の機械である。交差点内に危険な状態が発生したとしても、いち早くこれを察知して臨機応変に運転者に警告し、安全行動を呼びかけ、急に信号表示を変えて危険回避に対応することなどできない。

交差点は危険なジャングルにもたとえられる。右折、左折、横断、滞留、信号待ち、停止、その他出合い頭などなど交差点はなにが起きても不思議でない。たとえ信号機が青色だからといっても例外ではないのだ。死亡事故の約45％は交差点およびその付近で起きている。

『青信号は安全を保証していない』

「進むことができる」としていても、安全はあくまで運転者の適切な状況判断に委ねられている。青信号だからといってむやみに交差点を突っ走る習慣をつけてはいけない。

7 踏切停止に理屈はいらない

遮断機が上がっている、見とおしがよい、前の車が通ったからと理屈をいわずに、踏切はだまって止まれだ。

交通事故のなかで踏切事故ほど怖いものはない。踏切事故で列車がもしも脱線・転覆しようものなら、死傷者は何十人いや何百人という事態に発展する。最近の事例をみても、

○大型貨物自動車が通勤客で満員の列車に衝突して死傷者数396人。(平成3年、京都府福知山線の踏切事故)

○過積載のダンプカーが電車と衝突し、乗客など80人が死傷。(平成4年、千葉県内の成田線の踏切事故)

などなどまだ記憶に新しい。踏切事故は予想もつかない異常な事態になる可能性がある。他人事ではないのである。

踏切には4つの種別がある。

第一種踏切＝自動遮断機が設置されている踏切（全国で約31,000カ所)。

第二種踏切＝一定時間だけ踏切警手が操作する踏切（現在では設置がない)。

第三種踏切＝警報機だけが設置されている踏切（全国約1,500カ所)。

第四種踏切＝踏切警手も遮断機も警報機もない踏切。全国約5,000カ所)。

あわせて36,000カ所余あるという。

交通事故の発生がもっとも多いのは設置数が多い第一種踏切の346件である。踏切内に「とりこ」になる事故、「しっぽを残す」事故、「架線接触」事故、「落輪」事故、「エンスト」事故といろいろ起きる。だが、もうひとつ注目したいのは、列車運行回数も少ない第四種踏切の事故の102件、警報器だけの第三種踏切の事故31件があることだ。ここでまさかと思うような重大事故が起きている（平成14年版交通白書)。

[事故事例１　第三種踏切で警報を無視６人死亡]

◇朝早く、Ｓさんのライトバンが職人を乗せて現場へと急いだ。通り慣れた踏切りである。すでに警報が鳴り出していたが、まだ間に合うはずと強引に踏切に入る。が、電車と衝突。ライトバンは大破し、乗員の１名が車外に放り出され、５名が車内で圧死した。速度も落とさず踏切に接近するライトバンを見た電車の運転士が激しく警笛を鳴らして注意を促したというが、ライトバンには全く止まる気配がなかったという。

[事故事例２　第四種踏切で漫然運転]

◇いつもどおり慣れた田園地帯の見通しのよい第四種踏切で、少年野球の試合帰りの15人の子供たちを乗せ、Ｔさんの小型バスが２両編成の気動車と衝突した。車は約60メートル引きずられて大破し、乗っていた子供たちの３人が死亡、他の同乗者全員が重傷を負った。見通しのよいこの踏切りでなぜ止まらなかったのかと人びとは首をひねった。

踏切事故の暗いニュースはこのほかにも、
○行楽帰り、踏切事故で子煩悩の一家暗転
○定員の倍乗せた車、踏切で９人重傷
○主婦の車、踏切事故で死亡
などと報道されている。

さてさて、警報器が鳴っているのに、見とおしのよいのになぜこうした踏切事故が起きるのだろうか。運転者に無理な運転があったとはいえるが、いまひとつ考えておかなければならないのは、踏切に直面した運転者には意外な心理状態と思わぬポカが生まれることである。とくに第三種や第四種の踏切りでは、
○閑散な交通環境から踏切の危険性について警戒感が弱くなる。
○見通しのよい開放的な踏切りでは安堵感もあって確認がおろそかになる。
○だれも見ていない、だれもとがめないという意識が大胆な行動をとらせる。

さらに先急ぎの運転であったり、薄暮の悪条件が重なったりすると、運転者はときに「見るとも見えず、聞くとも聞こえない」心理状態に陥る。また「認識」は過去の体験に左右されるといわれるが、通り慣れた踏切に無事慣れしてしまうと、見えるはずのものが見えない漫然運転になってしまうことがある。踏切事故には無謀運転だけでは片づけられない微妙なものが伏在する。

踏切で万が一にもこうしたポカがあってはならない。そのためにはいかなる踏切りであっても、いかに慣れた踏切りでも、鉄路の冷たい光を目にしたときは、反射的に無条件に車を止めている安全習慣を付けておくことが大切である。一旦止まればゆとりが生まれ、危険な事態に気がつく。

道路交通法も、こうした踏切での運転者心理をよく知っているから、遮断機が上がっていても、見とおしがよくても、前の車が通ったからといっても、理屈をいわずに、踏切はだまって止まれと義務づけている。

『踏切停止に理屈はいらない』

踏切り事故は最悪の悲劇をつくり出すから。

8 人は過失をなくせない、だから譲る心もなくせない

人は過失をなくせない。運転とはそうした仲間の走りあいだ。「譲る心」がなければ事故はなくならない。

そのむかしエデンの園で、エバとアダムが誘惑の禁断の木の実を食べて楽園を追われたという。以来、人は欲望とエゴで過ちを繰り返し反省のなかを漂う生物になったらしい。もっとも「過失があるからこそ人間だ」と説く心理学者もいる。

考えてみると車交通は、そうした過ちを犯しやすい人間同士が、走れば凶器にもなる車に乗って過密に走りあっているわけだ。そして、たいがいの場合、互いの不注意が重なりあって交通事故になる。事故が起きてからどちらが良いか悪いかを争うことも必要だろうが、その前に、どうしたら互いに不測の事故から逃れることができるかを考えることがより重要だ。さてそのキーポイントは何か。

今日の車社会は、道路環境の整備、車両の安全機能の強化、交通の規制、免許制度、交通安全教育の徹底などなど、きめの細かい安全システムがつくられている。しかしそれでも、毎年100万人余の人が負傷し１万人あまりの人が死亡している。何とか歯止めをかけたいと人々は憂いているのだが……。

ある年の交通安全標語に「譲る心に事故はない」とあった。またある県のスローガンに「交通安全譲り合い○○（県名）」というのもあった。いずれもそこには「譲る心」が事故防止のポイントになっている。

こうした標語を見たある運転者が、いちいち譲っていたのではとても走れないと批判し、なかには「譲る」運転は、走り負けの屈辱（くつじょく）だと考える人もいたようだ。忙しい毎日だから、あせる気持ちもわからないではないが、しかし大量、過密、高速の車社会になればなるほど、忘れかけた「優しさ」「思いやり」「謙虚な譲り」の心を取り戻さないと、凶器を片手にした殺戮（さつりく）の車社会が生まれてしまう。

交通安全標語もひとむかし前から見るとずいぶんと様変わりしてきた。かつては「違犯になる」「罰金になる」「免許取り消しになる」などの不利益処分強調タイプの標語が多かったが、最近では運転者の心に訴えるタイプのものが目に付く。たとえば、

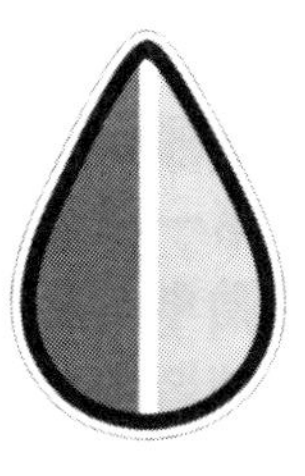

高齢運転者標識
70歳以上の運転者が普通自動車を運転するとき、車の前面と後面に表示するマーク。右の旧標識は「紅葉マーク」と呼ばれることがある。

「運転は　ゆったりハートに
しっかりベルト」
「運転中　紅葉（もみじ）マークに　思いやり」

交通事故は通常は運転者の過失（不注意）で起きる。過失とは運転者の心のあり方だが、なにしろアダムとエバの末裔（まつえい）が運転をしているわけだから絶対の保証はない。法による規制や取締りで戒めようとするが限界がある。

となるとまず運転とは、互いにアダムとエバの末裔という不完全な同士が運転しあっていることを再認識することだ。そのうえで互いの不完全をどうカバーしあうのかを意識する。つまりは運転の仲間同士は謙虚さと思いやりの心が重要になる。「譲る心」の運転こそがアダムとエバの原罪を補うものだから……。

考えてみると、毎日無事な運転を続けているということは、あるときは自分が他人のポカを感じ取って危険を避けたことがあるように、また別のときには他人の気配りに扶（たす）けられて自分のミスがカバーされていることでもある。それは運転の「優しさ」が互いを守っているということだ。

運転するあなたもわたしも、アダムとエバの原罪を背負って過失（うっかり、ぼんやり、思い違い）を否定できない仲間だ。まずはルールとマナーに徹して他人に迷惑をかけないこととともに、さらには「譲る心」「優しさ」のマナーを持って、アダムとエバの原罪を繕うことが大切ではないだろうか。

謙虚さを忘れ、エゴをむき出しにして走りの勝ち負けを争うときは、走る凶器とともに互いに自滅の道を歩むことになる。

『人は過失をなくせない、だから譲る心もなくせない』

道路交通法の立法の精神もまたここにある。

9 まじめ運転が点数を消す

違反点数は運転者のバッドマーク。だがこの点数も１年余のまじめな運転期間があると消えてなくなる。

運転免許の点数制度の点数は、運転者の不安全態度を示すバッドマークといわれる。この違反点数が多いということは運転者として事故の危険度が高いことをも意味する。そこでこの違反点数が一定の基準を超えると、運転免許の停止などの行政処分が行なわれる。さらに危険度の高い違反行為や責任の重い重大事故を起こすと、免許が取消され運転者は一定の期間交通の場から排除される。

統計によると、この点数制度で処分を受けた運転者の数は、年間に、停止処分者が約100万人、取消し処分者が約4.5万人となっていた（交通白書/平成14年版）。免許の取消しや停止は職業的運転者にとっては死活問題につながることだから、罰金より恐い点数制度といわれたりする。

点数制度は危険性の高い運転者に対しては強く反省を求める厳しい制度だが、対してまじめ運転者には寛容な制度でもある。

まず点数制度の仕組みを少しおさらいしてみると、点数には概要次のような区分がある。

○１点から３点　――　「軽微違反点」
○６点から14点　――　「免許停止点」
○15点以上　――　「免許取消点」

「軽微違反点」は、一時不停止（２点）、横断歩行者妨害（２点）、駐車違反（１点または２点）など、１点から３点までの軽度の違反群をいう。この「軽微違反点」では単発で直ちに免停処分を受けることはない。

運転者個々の違犯点数は全国規模のコンピューターに登録されている。コンピ

無事故・無違反者　SD(SAFE DRIVER)安全運転者カード

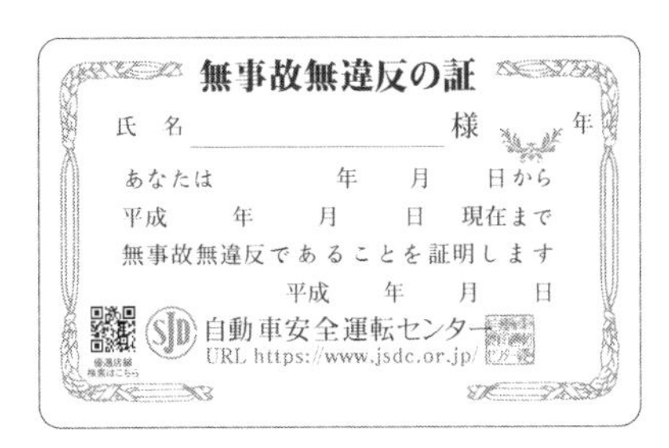

出典：自動車安全運転センターウェブサイト（http://www.jsdc.or.jp/sd/tabid/115/Default.aspx）

ューターは点数が登録されると運転者が危険な兆候を示すレベルに至ったかどうかを常に見守っている。違反点の累積が「免許停止点（6点以上)」に達すると、危険な兆候が色濃く現れはじめた運転者として、免許の一時的な停止処分が発動される。しかもこれら点数の累積は、過去3年間にさかのぼって計算される。だから“あれは3年前”と素知らぬ顔をするわけにはいかないのである。

違反点のほかに付加点（事故点、ひき逃げ・当て逃げ点）がある。それらの合計点数が15点を超えることになると「免許取消し」に該当する。もっとも酒気帯び運転（0.25mg/ℓ以上)、共同危険行為などではただ一回の違反でも25点となるから、いわゆる一発取消しとなる。

また、処分を受けた経歴は「前歴」となって、その前歴回数が多いほど次回の停止点数が低くなり、取消しでは期間が2年、3年とさらに長くなる。

こうして悪質違反者にとっては厳しい点数制度だが、日頃から真面目な運転を続けている運転者に対しては寛容な制度でもある。

まず第一に、軽微違反点で違反と違反の間に無事故・無違反（「クリーンな期間」と呼ぶ）の1年の期間があると、「クリーンな期間」の以前にあった点数は累積しない特例がある。たとえば、すでに4点の違反点を持った人が、そのあと1年間の無事故・無違反のクリーンな期間をつくると、その後に点数が入ってもさきの4点は計算されないことになる。現在の持ち点は後の点数だけということ

主な一般違反行為の基礎点数と反則金の額

交通違反の種類		点数	酒気帯び点数(0.25未満)注2	反則金の額(円)			
				大型車注3	普通車	二輪車注4	原付車注5
酒気帯び運転注1	0.25以上	25					
	0.15以上0.25未満	13					
過労運転等		25					
共同危険行為等禁止違反		25					
無免許運転		25					
大型自動車等無資格運転		12	19				
仮免許運転違反		12	19				
無車検運行		6	16				
無保険運行		6	16				
速度超過	50km以上	12	19				
	40km以上50km未満	6	16				
(高速道路関係)	35km以上40km未満	6(3)	16(15)	(40,000)	(35,000)	(30,000)	(20,000)
	30km以上35km未満	6(3)	16(15)	(30,000)	(25,000)	(20,000)	(15,000)
	25km以上30km未満	3	15	25,000	18,000	15,000	12,000
注6	20km以上25km未満	2	14	20,000	15,000	12,000	10,000
	15km以上20km未満	1	14	15,000	12,000	9,000	7,000
	15km未満	1	14	12,000	9,000	7,000	6,000
放置駐車違反注7注8	駐停車禁止場所等	3		25,000(27,000)	18,000(20,000)	10,000(12,000)	10,000(12,000)
	駐車禁止場所等	2		21,000(23,000)	15,000(17,000)	9,000(11,000)	9,000(11,000)
駐停車違反注8	駐停車禁止場所等	2	14	15,000(17,000)	12,000(14,000)	7,000(9,000)	7,000(9,000)
	駐車禁止場所等	1	14	12,000(14,000)	10,000(12,000)	6,000(8,000)	6,000(8,000)
信号無視	赤色等	2	14	12,000	9,000	7,000	6,000
	点滅	2	14	9,000	7,000	6,000	5,000
通行禁止違反		2	14	9,000	7,000	6,000	5,000
通行区分違反		2	14	12,000	9,000	7,000	6,000
急ブレーキ禁止違反		2	14	9,000	7,000	6,000	5,000
追越し違反		2	14	12,000	9,000	7,000	6,000
踏切不停止等		2	14	12,000	9,000	7,000	6,000
優先道路通行車妨害等		2	14	9,000	7,000	6,000	5,000
交差点安全進行義務違反		2	14	12,000	9,000	7,000	6,000
環状交差点通行車妨害等		2	14	9,000	7,000	6,000	5,000
環状交差点安全進行義務違反		2	14	12,000	9,000	7,000	6,000
横断歩行者等妨害等		2	14	12,000	9,000	7,000	6,000
徐行場所違反		2	14	9,000	7,000	6,000	5,000
指定場所一時不停止等		2	14	9,000	7,000	6,000	5,000
積載物重量制限超過注9	10割以上	6 3	16 15		35,000	30,000	25,000
	5割以上10割未満	3 2	15 14	40,000	30,000	25,000	20,000
	5割未満	2 1	14 14	30,000	25,000	20,000	15,000
整備不良	制動装置等	2	14	12,000	9,000	7,000	6,000
	尾灯等	1	14	9,000	7,000	6,000	5,000
携帯電話使用等(交通の危険)		2	14	12,000	9,000	7,000	6,000
携帯電話使用等(保持)		1	14	7,000	6,000	6,000	5,000
安全運転義務違反		2	14	12,000	9,000	7,000	6,000
幼児等通行妨害		2	14	9,000	7,000	6,000	5,000
騒音運転等		2	14	7,000	6,000	6,000	5,000
消音器不備		2	14	7,000	6,000	6,000	5,000
高速自動車国道等運転者遵守事項違反		2	14	12,000	9,000	7,000	小特6,000
免許条件違反		2	14	9,000	7,000	6,000	5,000

交通違反の種類		点数	酒気帯び点数(0.25未満)(注2)	反則金の額（円）			
				大型車(注3)	普通車	二輪車(注4)	原付車(注5)
番号標表示義務違反		2	14				
保管場所法違反	道路使用	3					
	長時間駐車	2					
通行帯違反		1	14	7,000	6,000	6,000	5,000
路線バス等優先通行帯違反		1	14	7,000	6,000	6,000	小特 5,000
軌道敷内違反		1	14	6,000	4,000	4,000	3,000
指定横断等禁止違反		1	14	7,000	6,000	6,000	5,000
車間距離不保持(注6)		1(2)	14	7,000(12,000)	6,000(9,000)	6,000(7,000)	5,000(6,000)
進路変更禁止違反		1	14	7,000	6,000	6,000	5,000
追い付かれた車両の義務違反		1	14	7,000	6,000	6,000	5,000
割込み等		1	14	7,000	6,000	6,000	5,000
交差点右左折方法違反		1	14	6,000	4,000	4,000	3,000
指定通行区分違反		1	14	7,000	6,000	6,000	5,000
環状交差点左折等方法違反		1	14	6,000	4,000	4,000	3,000
交差点優先車妨害		1	14	7,000	6,000	6,000	5,000
緊急車妨害等		1	14	7,000	6,000	6,000	5,000
交差点等進入禁止違反		1	14	7,000	6,000	6,000	5,000
無灯火		1	14	7,000	6,000	6,000	5,000
減光等義務違反		1	14	7,000	6,000	6,000	5,000
合図不履行		1	14	7,000	6,000	6,000	5,000
乗車積載方法違反		1	14	7,000	6,000	6,000	5,000
定員外乗車		1	14	7,000	6,000	6,000	5,000
積載物大きさ制限超過		1	14	9,000	7,000	6,000	5,000
積載方法制限超過		1	14	9,000	7,000	6,000	5,000
転落等防止措置義務違反		1	14	7,000	6,000	6,000	5,000
転落積載物等危険防止措置義務違反		1	14	7,000	6,000	6,000	5,000
座席ベルト装着義務違反		1	14				
幼児用補助装置使用義務違反		1	14				
乗車用ヘルメット着用義務違反		1	14				
大型自動二輪車等乗車方法違反		2	14			12,000	
初心運転者標識表示義務違反		1	14	準中型 6,000	4,000		
本線車道出入方法違反		1	14	5,000	4,000	4,000	
けん引自動車本線車道通行帯違反		1	14	7,000	6,000		
故障車両表示義務違反		1	14	7,000	6,000	6,000	
泥はね運転				7,000	6,000	6,000	5,000
公安委員会遵守事項違反				7,000	6,000	6,000	5,000
運行記録計不備				6,000	4,000		
免許証不携帯				3,000	3,000	3,000	3,000

(注1)「酒気帯び運転(0.15以上0.25未満)」は、呼気中のアルコール濃度0.15mg/ℓ以上0.25mg/ℓ未満などの場合で、「酒気帯び運転(0.25以上)」は、呼気中のアルコール濃度0.25mg/ℓ以上などの場合をいいます。(注2)違反をした場合に酒気を帯びていたときは「酒気帯び点数」の点数となります。(注3)「大型車」とは、大型自動車、中型自動車、準中型自動車、大型特殊自動車、トロリーバスおよび路面電車をいいます。(注4)「二輪車」とは、大型自動二輪車および普通自動二輪車をいいます。(注5)「原付車」とは、小型特殊自動車および原動機付自転車をいいます。なお、小型特殊自動車のみの適用の場合は、小特と記入。(注6)「速度超過」「車間距離不保持」の欄の(　)内の数は、高速道路関係の点数および反則金の額です。(注7)「放置駐車違反」の欄の「大型車」は、重被けん引車を含みます。(注8)「放置駐車違反」「駐停車違反」の欄の(　)内の数は、高齢運転者等標章自動車以外の車両による高齢運転者等専用駐車区間等における反則金の額です(高齢運転者等専用駐車区間等以外での反則金の額に、2,000円を加えた額となります。)。(注9)「積載物重量制限超過」の点数および酒気帯び点数の左欄は大型車等、右欄は普通車等の点数です。

交通事故に付される点数

【付加点数】

交通事故を起こすと、事故原因に応じて、まず、前に述べた基礎点数（交通違反等に付する点数）が付され、さらに事故責任の軽重や被害の大小によって、表（2）の交通事故点数が付け加えられます。

交通事故の種別（被害の大小）		責任の軽重	事故の付加点数
死亡事故		責任の程度が重いとき	20
		責任の程度が軽いとき	13
傷害の程度	3ヶ月以上又は身体の障害が残った時	責任の程度が重いとき	13
		責任の程度が軽いとき	9
	30日以上3ヶ月未満	責任の程度が重いとき	9
		責任の程度が軽いとき	6
	15日以上30日未満	責任の程度が重いとき	6
		責任の程度が軽いとき	4
	15日未満建造物損壊事故	責任の程度が重いとき	3
		責任の程度が軽いとき	2

ア．　責任の程度が重いとは、事故の責任がもっぱら加害者側にあるとき。
イ．　責任の程度が軽いとは、ア以外のとき。
ウ．　傷害の程度・・・・治療を要する期間（医師の診断によるもの）
　　（負傷者が複数のときは、傷害の程度が最も高い者を計算します。）

㊥ 信号無視（2点）＋ 死亡事故（責任重い20点）……………… 合計　22点

ひき逃げや当て逃げに付される点数

【付加点数】

交通事故を起こした者が負傷者の救護など必要な措置を取らなかった場合は、さきに述べた交通事故の点数のほかに、さらに次の表の点数が加算され、多くの場合取消し点数に達することになります。

措置義務違反の種別	点数
死傷事故の場合の救護措置義務違反（ひき逃げ）	35点
物損事故の場合の危険防止等措置義務違反（あて逃げ）	5点

例 信号無視（2点）＋ 30日以上3ヶ月未満の怪我（責任重い9点）＋ ひき逃げ（35点）……… 合計　46点　取消し5年

になる。しかし、処分になるのを逃げ隠れしたものには、いくら１年間経ったからといっても、適用されないことはいうまでもない。

第二に、前歴抹消の制度がある。行政処分を受けるとその回数は「前歴」となり、次回からはさらに厳しい処分を受けることになることは先に述べた。だがこの「前歴」も処分が終わってから１年間の「クリーンな期間」があるとこれもまた消えてなくなり、前歴のないもとのきれいな立場の運転者に戻るのである。

このように運転免許の行政処分制度は、運転者が真面目に反省し自助努力するときはこれを高く評価する。だから「クリーンな期間」が２年以上もあるとなると、あらたに犯した「軽微違反点（１～３点)」は、その違反後の３カ月間に違反や事故がなければ、その「軽微違反点（１～３点)」は計算しないという制度もあるのだ。

また、軽微違反点の累積で「免許停止点」に達した運転者は、あらかじめ指定された講習を受けると「免停処分なし」になる特例講習制度もある。

さて紙数の制限もあり点数制度の詳細をここですべて紹介することはできないが、これまで述べてきたように点数制度の基本理念は、あくまで運転者の自主的な反省自戒と学習を期待する教育システムであること。そして日ごろまじめ運転者に対しては比較的寛容な制度であることをは理解をしていただければありがたい。

『まじめ運転が点数を消す』

のである。

10 違反多ければ事故多し

ルールは過去に起きた事故を教訓につくられている。だからこれを無視することは事故に超接近することだ。

ある自動車教習所に“違反先生”というあだ名の指導員がいた。学科教習でも技能教習でも口を開くと「違反になる」、「禁止されている」、「やるとつかまる」

と教える。そう説くことによって順法心を高め、交通事故防止と運転者責任を自覚をさせようとしているのだろう。その意図はわかる。だが、これも度が過ぎるとルールの主意が見えなくなってしまう。

この「違反先生」は、もちろん捕まるからルールを守れという短絡的な思考ではないと思う。しかし、教えを受けた若い教習生のなかには、捕まるからルールを守れというなら、捕まらなければルールは守らなくてもよいという逆説をつくりかねない。なかには警察の取締まりをいかに逃れるかが上手な運転だという観念まで生み出した若者もいた。

もちろんのことだが、ルールは取締りのためにあるわけではない。運転者の自由を奪うためにつくられたものでもない。ルールは過去に起きた事故を経験則にして、ふたたびこうしたケースの事故が起きないように、お互いに守るべき約束動作の取り決めをしたものだ。「取締り」があるのは順法心を担保するために抜き取り的な検査をすることに過ぎない。もしルールを軽く考える運転者がいたとしたら、それは先輩の涙の体験を黙殺して自分勝手のエゴ運転をしているのと同じになる。いつ交通事故が起きても不思議ではない。

ルール違反を繰り返す人と交通事故の因果関係を示す興味深い調査があった。わかりやすいようにあるタクシー会社の乗務員を50人とする。この会社の乗務員が起こした全事故を100件とする。乗務員それぞれの交通事故の回数と違反頻度をみると、事故の約半数はなんとわずか11人（22％）の一部の者が起こしていたのである。しかもこの11人の運転者の違反歴は、いずれも４回以上あり、なかには６回、７回の常習者もいたという。この会社では、違反歴の多いわずか一握りの運転者群が全事故の半数の交通事故を起こしていたことになる。（元警察庁科学警察研究所交通安全研究室長　大塚博保氏の調査から（要点解説））

タクシー運転者はリスクの高い職業である。しかし同じ会社に勤め、車両も、活動区域も、勤務時間も、そして環境、条件もほぼ同じであるのにこうした違いが生まれるとなると、残るのは運転者の個人的資質の部分に問題がありそうだ。日ごろの運転態度が事故に関係していることがうかがえる。

「違反と事故」に関するあるアンケートに次のような回答があった。

○「違反がただちに事故につながるとは思わない」

○「事故さえ起こさなければ違反があってもよい」

○「違反で捕まっても反則金や罰金程度ならあまり苦にはならない」

○「事故に遭うのは運が悪かったからだ」

これらは若者たちからよく聞く言葉だがその考え方にはいささか気になることがある。

ところで「ルール」というと「取締り」を連想してルールアレルギーを起こす人もいるという。まだ車の少なかったかつての時代では、取締りこそ弱者の命を守るための伝家(でんか)の宝刀であった。当時の時代背景を考えればこの性急的危機回避対策も誤りとはいえないだろう。しかし他面に運転者のルールアレルギーを生み出したとなるといささか考えさせるものがある。

余談になるが、道路交通法規の生い立ちはじつは「取締」から始まっていた。明治の後期に自動車が輸入され、普及するにしたがって自動車事故が多くなった。たまりかねた当局は明治40年に「自動車取締規則」を制定。さらに大正８年には「自動車取締令」が、そして戦後の昭和22年に「道路交通取締法」が制定された。これらの法規の名称にはいずれも「取締」の名が冠せられてきたのである。車社会のまだまだ未成熟な時代のことである。

時代が変わった。今日の国民皆免許時代は、国民のすべてがなんらかのかたちで車を利用する交通関与者である。車も歩行者もそれぞれが立場に応じて危険を分担しあうことが求められている。今日の「道路交通法（昭和35年）」には、もう「取締」の文字はどこにも見当らない。交通安全の根幹はあくまでも人々の自覚ある行動にこそあるとしている。

冒頭の違反先生もきっとこのことを強調したかったのだと思う。それにしても、

『違反多ければ事故多し』

である。駄目なキュウリは小さいときから曲っていたといわれる運転者にはなりたくない。

第3章

交差点の事故

信号機があるからといっても安全の保障はない。なぜこうも交差点事故が起きるのだろうか。
この章では、交差点事故の実態と危険性を事例を交えて検証してみる。

1 左折の内輪(うちわ)もめ

車には内輪差がある。後輪は曲がるときになぜか前輪の軌跡に従わない。このうちわもめが重大事故を起こす。

ここに紹介するのは、内輪差(ないりんさ)が原因で起きた事故の恐ろしさを伝えるショッキングな小学生の作文である。

「きょうはとてもかなしいことが……と校長先生の声がふるえていました。ときどき言葉がつまり涙が光っています。担任の先生も泣いています。となりの友達も下を向いたまま涙が床に落ちました。誰かのすすり泣く声が聞こえてきます。…中略.…人気者だったK君はもういないのです。

夕方5時、薄暗くなりかけた頃。左折する大型トレーラーの内輪差のために、自転車に乗って家に帰る途中のK君が押し倒され、K君の頭の上をトレーラーのタイヤが静かに踏んでいったそうです。……苦しいも、こわいも、痛いも、なにも言えず、うつむいたままひかれてしまったとは……。アスファルトに、べっとりとにじんだ血のあとが、『とび出したんじゃないよ。信号を守っていたんだよ。ぼく本当だよ』って叫んでいるようです。

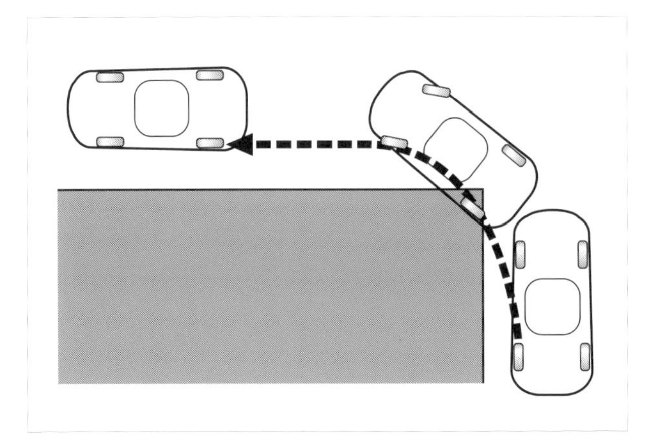

顔のない冷たくなったK君を、『間違いありません』と校長先生が確認したそうです。どんなにつらかったことでしょう。ふるえる足をおさえながら、私は、聞いていました。
…（中略）…
K君は命の大切さを、自分の死をもって教えてくれました。それからは私は、救急車の音を聞くたびにはっとします。…もう二度とこんな悲しいことが起きてはいけません。」（交通事故防止優秀作文より、埼玉・幸手小五年・大竹さん）

事故の恐ろしさをこれほどリアルに伝えたものはないと思う。K君の悲しさや苦しさやその叫び声がいまそこに聞こえてくるようだ。運転に慣れた大人には無感覚であっても、子供の心には無法な車が罪のないこどもを轢（ひ）き潰す戦車のように恐ろしく思えたはずである。

車が曲がるときには、4WS構造の車を除いて、車の前輪と後輪は内輪（うちわ）もめを起こす。電車のようにレール上を走るのとは違って、道路では後輪は前輪の軌跡には従わない。後輪は造反して前輪よりも短い距離でコーナーを曲がろうとする。内輪差である。

縁石に乗り上げ、電柱や塀をかじり、隣の車をこすったりする内輪もめを教習所時代から痛いほど経験してきたあれである。この内輪差を油断すると、熟練者でも事故を起こす。

内輪差の大きさは車種、舵角（だかく）、ホイールベースによって異る。ホイールベースが長いほど大きくなる。最大値はホイールベースの3分の1まで大きくなる。一

般に、
　◯大型貨物自動車で２～３メートル、
　◯小型貨物自動車で約１メートル、
　◯普通乗用車で約80センチ
といわれ、ハンドルを切った角度が大きいほど大きくなる。大型貨物自動車などが万一に備えて、車のサイドに巻き込み防止装置（横腹下部の格子状のガード）を備えるよう義務づけられているのもこのためだ。

　内輪差事故は事故が車の後部で起きることにその恐さがある。左折にあたって前方に注意を集中させている運転者が、後部に異常を感じて事故を知ったときはすでに手遅れ、ことが大事に至っていることが多いのである。その例に、
　◯交差点の角で信号待ちをしていた乳母車が、大型車の寄り込みで逃げ場を失い、大きなタイヤに轢きつぶされた。
　◯信号待ちしていた自転車が逃げる場所もなくガードフェンスに押し付けられて死亡した。
　◯交差点の角で信号待ちをしていた老人が乗用車に接触され転倒して重傷を負った。
などがある。

　車のメカ知識に乏しい歩行者達にとってはこうした車の内輪差による寄り込みとその程度は思ってもみないことであり、まさに晴天のへきれきにも似た恐怖にさらされる。

　内輪差は特別な車を除いて無くすことはできない。左折にあたって運転者は、このことをよく認識したうえで、できるだけゆっくりと、ミラーで安全を確かめながら曲がることが大切である。
『左折の内輪（うちわ）もめ』
で取り返しのつかない事故が起きる。

❷ 心が消した赤信号

交通事故はヒューマンエラーだという。運転者の心が内にこもってしまったときそのエラーがよく起きる。

９月になってつくつくぼうしがやかましく鳴き出した。残暑の厳しい年である。照りつける太陽の日差しは心まで焼け焦がす。その蒸し暑さにだれもが緊張感をなくして気だるくなる昼下りのことだった。

Ｖさんは医薬品のセールスマン。毎日毎日、水すましのように病院から病院へと走り回る。この暑さで身も心もくたくただが、Ｖさんにはその苦労を吹飛ばしてくれるような大きな喜びごとがあった。というのは、郷里に帰っていた妻が、男子を無事に出産して明日は元気に戻ってくるからである。

いままでの狭いアパートも引き払った。ささやかながらマイホームを手に入れた。子供の部屋も用意した。愛する妻のためにダイニングルームにもお金をかけた。夢は楽しく大きくふくらみ、あしたへの期待に笑みがこぼれる。だが世の中好事魔多し(こうじま)というが、この幸せなＶさんに思いもよらぬ交通事故という悪魔がすり寄ってきたのである。

[事故事例　赤信号を看過して死亡事故]

◇Ｖさんは喜びを胸にして、運転中もあれやこれやと妻子のことを考えていた。やがて信号機のある街外れの小さな交差点に差しかかった。

交差点に入った直後、右方向からけたたましいクラクションの音が近づいてきた。と思うまもなく車の右横腹にドスーンという強い衝撃を感じて身体が振られた。交通事故だ。

衝突したＶさんの車は押し出されて電柱に激突した。相手の車は衝突の弾みで回転しブロック塀に激突していった。この事故で相手の車の運転者が重傷を負い同乗の助手席の婦人が即死した。

Vさんも重傷を負ったがやっとのことで自力で車外にはい出し道路にへたり込む。いったい何が起こったのかすぐには理解できない。聞こえてきたサイレンの音で我に返り救急車に乗せられる。車中で警察官の問いに答えているうちに、事故は自分の赤信号無視で起きたことを知った。

しかし、いくら思い返しても信号を無視した覚えはないし、脇見をした記憶もない。無理に赤信号を突破しようなどと思ったこともない。だが目撃者の証言があるという。警察官に「なにか考え事でもしていたんですか」と尋ねられたが、「うーん、うっかりしていたのかもしれない……」と答えるしかなかった。

この事故は交差点における信号看過(かんか)の漫然運転事故である。人は心が内にこもってしまうと見るとも見えず聞くとも聞こえない心理状態になる。Vさんの場合は幸せな喜びごとがその状態をつくった。赤信号にさえ気がつかないことになっていたのである。

この事故でVさんの喜びや幸せは一瞬のうちに飛散ってしまった。運転免許は取消しになり仕事が続けられなくなった。新居のローンも返済できない。交通事故とは、仕事も新居も家庭の幸せも一瞬のうちにすべてを奪い去る。Vさんは交通事故がこんなにもむごいものであるかを知った。夫婦力を合わせてやっとここまでやってきたのに、妻や子に詫びる言葉が見つからない。

交通事故といっても無理や無謀がないかぎりそう簡単に起きるものではないと思う。だがその無理がなくても、事故になる最悪の条件が運転中に我を忘れる事態である。ひとくちに漫然運転と呼ばれる。運転者の目はたしかに前を向いているのだが、心の目は外の危険のすべてを消してしまっている。赤信号もその例外ではない。

いうまでもないことだが、運転とは、視覚からの刺激を大脳の感覚器（受容器）に知覚として伝え、さらに脳の記憶がマルチ処理してもろもろの判断をし、安全適切な行動を選択して行動する作業である。これを認知、判断、操作ともいう。

だが、いくら目を前に向けていても、心が刺激を感じなくなったときは知覚も反応も起きない。目は前を見ているにもかかわらず、大脳への刺激（知覚情報）が遮断(しゃだん)されているから、見えるものが見えず、危険を危険として感じなくなる。神経質な性格でものごとにこだわりやすい人や抑鬱(よくうつ)性格で気分の変わりやすい人によくあることだという。

『心が消した赤信号』

Ｖさんの場合は思慕の思いに占められて知覚が鈍磨(どんま)し、見えるはずの赤信号が刺激をもたらさなかった。運転において注意とか緊張感の持続とは、運転中に心を内に沈め込ませないことだといっても言い過ぎではないようだ。Ｖさんがそれを教えてくれた。

3 出合い頭は事故がしら

車両相互事故のトップは交差点の出会い頭事故。交差点にはエゴという名の魔物が潜んでいるらしい。

大西洋はバミューダ海岸沖に魔のトライアングルと呼ばれる危険な海域がある。ここを通る艦船や航空機がつぎつぎと原因不明の沈没・墜落をして消息を絶つ。1945年のアメリカ海軍航空機５機の謎の消滅事故。1961年の航海練習船の遭難など数多くの事故が起きている。この「謎のバミューダ海域」の不思議は、航海練習船アルバトロス号が挑んだ壮絶な戦いのドキュメント映画「白い嵐」で有名である。だが真相はいまだに不明だという。

さて陸上のほうにも似たような危険な領域がある。ここを通る車両は、まるで吸いよせられでもしたかのように車同士が出合い頭の衝突をする。といってもそこは特別な場所ではなく、だれもがいつも通っているどこにでもある交差点のことである。交差点の危険はみんながよく知っているはずなのに、どういうわけか「出合い頭事故」がよく起きるのだ。が、こちらは原因不明ではない。

死亡事故の統計を見ると、「出合い頭事故」はいつでも車両相互事故のトップである。平成14年版の交通白書によると、車両相互事故総数3,999件のなかで「出合い頭の衝突事故」が1390件と約35%を占めている。続いて「正面衝突事故(1,129件)」、「追突事故(521が件)」となっている。まさに「出合い頭事故」は事故がしらである。

出合い頭事故といってもその形態は多様だ。

○「一時不停止型」……(別項「一時停止は二度停車」参照)

○「徐行怠慢(たいまん)型」……見通しの悪い交差点などの不徐行、不確認事故。

○「相手依存型」……見通しのよい交差点で互いに相手が止まるだろうと依存して起こす事故。

○「優先道路通行妨害型」……明らかに「優先道路」の交差道路を強行突破す

る事故。

○「脇見、ぼんやり型」……脇見、考え事などの漫然運転で起こす事故（別項「心が消した赤信号」参照）。

○「信号変わりのあせり型」……互いに「黄色信号」の右折車と直進車が先急ぎして起こす事故（別項「ジレンマゾーンの加速」参照）。

○「全赤信号突破型」……全赤信号を承知で強引に交差点に飛び込む事故（別項「黄色当然・赤勝負」参照）。

○「点滅信号優先意識型」……黄色点滅、赤点滅の両車ともに他の交通に注意をせずに起こす事故（別項「点滅信号は交通整理をしていない」参照）。

などなど。

こう見てくると「出会い頭事故」とはいわば交通事故の総合商社みたいなものだ。どこでもいつでも少しの油断が起こす交差点事故である。しかもこの事故は危険を予知せずに速い速度で衝突しあうのだから、とかく死亡事故になりやすい。

○一時不停止で、ワゴン車の３人が死亡

○広域農道で幼稚園バスが衝突、園児八人重傷

○赤信号無視の暴走事故で死傷者七人

などとマスコミが、実態を伝えている。

もちろん、交差点にバミューダ海岸沖のような得体のしれない魔物がいるわけではない。もしそこに魔物がいるとすれば、それは運転者の心の中に住むエゴという勝手魔であろう。

出合い頭事故の原因や形態は多様であるが、そこに共通する油断は、多くの場合、日頃の無事慣れ運転がつくりだす「見込み違い」「勘違い」「身勝手行動」が主因となっている。

交差点は危険なジャングルだ。バミューダ海岸沖のように交差点は何が起きるかわからない。いつでもどこでも、状況に応じた気配りの高い運転をすることが肝要だ。

『出会い頭は事故がしら』

この「事故がしら」では番付にも乗らない。

❹ あらかじめ左に寄らない左折事故

左折は巻き込み事故などの悲惨な結果をつくりやすい。だから道交法は左折の方法を詳しく説いている。

法律の条文にはとかく難解なものが多い。それは解釈上の誤りがないように、また重複記述を避けて簡明にまとめようとするからだろうが、読み慣れない者にとってはなんとも取りつきにくい。

生活に身近な道路交通法の条文もまた同じだ。もっとも道路交通法自身がそれをよく承知しているから、特別に条文を設けて、

「国家公安委員会は、交通の方法を（国民が）容易に理解できるように、道路交通の方法や危険防止、その他安全のために励行（れいこう）することが望ましいことなどを、『教則』としてまとめて公表しなさい。（法108条要旨）」

といっている。おなじみの「教則本」のことである。

さてその難しいといわれる道路交通法の条文のなかに、まことにわかりやすく、しかも具体的に行動のいちいちを丁寧（ていねい）に示した条文がある。その代表が右（左）折の方法である。左折（法第34条）を例にとってみると、

「車両は、左折するときは、あらかじめ、その前から、できる限り道路の左側端に寄り、かつ、できる限り道路の左側端に沿って、徐行しなければならない」

とあった。整理すると、「あらかじめ」「その前から」「できる限り」「左側端に寄り」「できる限り」「左側端に沿って」「徐行する」と行動指針は細部に渡ってまことに具体的である。

むずかしがりやの道路交通法がここまで懇切（こんせつ）に右左折の方法を説いているのにはわけがあるはずだ。左折を例にとれば「左折の七難」といわれるほど気配りしなければならないことがある。左側を走る自転車、追い上げてくる二輪車、コーナーで待つ歩行者、左右からの横断者、歩道から飛びだす自転車、対向する右折

者などなどだ。それにコーナーに入る段階になっても後方から追随してくる二輪車のが突っ込みなどもある。その結果巻き込み・接触、転倒などの予測もしないような死傷事故が起きる。道路交通法はそうしたことが繰り返されないようにくどいように右・左折の注意をこと細かく説いているのだ。

裁判所もこの右・左折方法を重要視し、言葉は違うが「右・左折の準備態勢」といって励行を求めている。

【判例１　左折準備態勢をとっていないから事故責任がある】

「運転者は、左折をするときは、あらかじめ左折場所に至る手前から、左側の安全を確かめ、できる限り道路の左端に車を寄せ「左折準備態勢」を整えたのちに徐行して左折をする義務がある。この事故（裁判中）の場合は、二輪の自動車があって左側に寄れないのに、漫然とそのまま進行し、二輪車の進路を妨害するように左折して巻き込み事故を起こしたものであり、運転者は左折にあたって必要な「準備態勢」を整えていなかった重大な過失がある。(要点解説)」

【判例２　左折準備態勢をとっていたので事故責任はない】

「交差点で左折をしようとする車の運転者は、道路および交通の状況に応じて適切に「左折準備態勢」をとったときは、その後において続いて接近してくる二輪車があってもその車はルールに従って行動し、追突事故などを起こさないように注意深い運転をすると信頼してよい。後続の二輪車があえてルールに違反して強引に左折車の左後方から突入するような無謀な行為があることまで運転者に注意する義務はない。(要点解説)」

この２つの判例は、左側に二輪車がいて左に寄れないのに左折をしたのは事故責任がある。障害もなく適切に「左折準備態勢」をととのえたあとに二輪車が突入して起きた事故は運転者に責任がないとしているわけだ。「左折準備態勢」の有無が左折事故の過失責任を分けている。道路交通法があれほど具体的に右左折の方法を説いていることの意味がよくわかる。

ところで、右左折事故の現場を見分する警察官はとくに車両の行動軌跡を丹念に調べる。タイヤ痕跡(こんせき)、衝突地点、衝突部位、散乱物の状況、目撃者の証言などを総合して車の走行経路を確かめる。右左折をするとき車が道路交通法のルールにしたがって安全に「道路の左側に（左折時）、あるいはセンターライン側に（右折時）に寄ったかどうか」が過失のキーポイントになるからである。

『あらかじめ左に寄らない左折事故』

運転者は後ろには目がない。道路交通法の懇切な指示を謙虚に受け止め、注意深く安全な右・左折を行ないたい。

5 サンキュー事故

有難うといいながら起こす事故をサンキュー事故と呼ぶ。礼儀正しい運転も気配りを欠くと事故になる。

「サンキュー事故」といえばその名のとおり「ありがとう」と礼をいいながら起こしてしまう事故だ。典型的なものに、道を譲ってもらった右折車が直進車に礼をいいながら、車の陰から出てきた二輪車と衝突する事故がある。

[事故事例１　進路を譲られて事故]

◇Ｄさんの乗用車は交通量の激しい交差点内で右折待ちをしていた。このままでは信号が変わって交差点内に立ち往生しかねない。だが世の中、助ける神もある。みかねたように直進の大型貨物車が停車をしてくれた。「曲がりなさい」と手招きでＤさんに右折進行をうながしてくれたのだ。その親切に感謝したＤさんは「ありがとう」と手を上げ頭を下げて挨拶(あいさつ)をしながら、少しでも早く右折を終えて貨物車の親切に答えようと車を急がせた。が、そのときである、貨物車の陰で見えなかった左方から直進してきた二輪車が突然のように現れて激突した。二輪車の若者が死亡した。

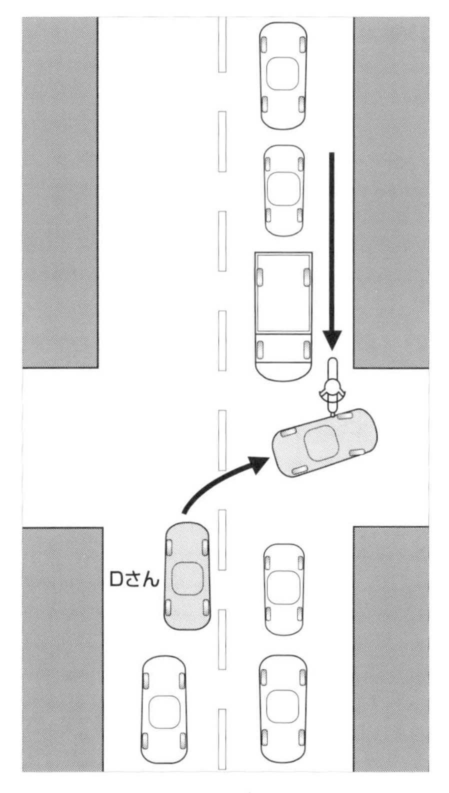

この事故の原因はいうまでもなくDさんの安全不確認である。道を譲ってくれた大型貨物車に非はないし、その左横を青信号にしたがって直進してきた二輪車に重大な過失があったとすることもできない。だが、責任論としてはそうであっても、心情的には善意がからんだ結果に起きた事故であり、サンキュー事故のやりきれなさがそこにある。

親切も感謝も人の世の宝物である。Dさんが貨物車の親切に答えようと誠実に右折を急いだのもうなずける。しかしDさんの事故が教えるように善意だけでは避けられない事故もある。運転者はいつの場合であっても、どんな条件であっても感情のまま気配りを忘れて行動するとこうした事故が待っている。

また「サンキュー事故」には次のようなケースもある。こちらは独りよがりの思い違いの事故である。

[事故事例２　親切と勘違いして事故]

◇Ｅさんの乗用車が路地から表通りへ出て左折をしようとした。そのとき、こちらの道路へ右折で入ろうとする小型貨物車があった。しかも小型貨物車はライトをパッシングさせている。Ｅさんは狭い道だから先に行きなさいという合図だと解釈した。軽く手を上げ、「お先に（有り難う）」と会釈(えしゃく)をして左折を始めたがその直後、けたたましいクラクションを鳴らしながら乗用車が横腹に激突してきた。Ｅさんは左折を急ぐことを考えて右からのこの乗用車の存在に全く気がつかなかった。あとになってわかったことだが、右折で入ろうとする小型貨物車はスピードを上げてやってくる乗用車を見て、気がつかない様子のEさんにパッシングライトでその危険を知らせようとしたものだった。Eさんが自分の都合のよいように解釈をして起こした一人相撲のサンキュー事故である。

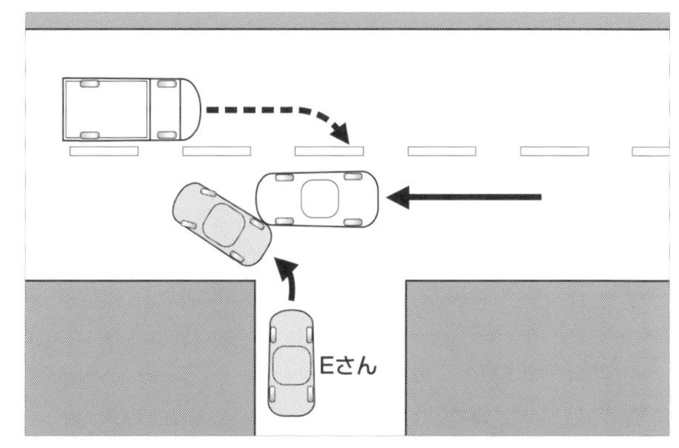

運転者は運転席という個室にあって他車とのコミュニケーションには弱い。Dさんに道を譲ってくれた大型貨物車に二輪車が来ることを教えてくれと期待することはできない。Eさんにパッシングをした小型貨物車も言葉で危険を伝えられなかったわけだ。密室の無言の紳士とも呼ばれる運転者は危難を避けるのに他人に依存することができない。ルールにしたがって行動し、あわてずあせらず注意深い確認行動をすることがすべてである。

「片寄った注意は、しないと同じ」ということわざがあった。

車運転は、片方だけの注意で終わったのでは必要な注意を尽くしたことにはならないのだ。Dさんもそして Eさんも、サンキューと礼をいいながら気配りが一方に片寄ってしまったのである。

明治の文豪夏目漱石が「情に棹(さお)さして流されるな」という意味の言葉を残していった。善意も実直さも情に流されると事故になることがある。とにかく車社会は気配りを忘れてはならないのである。

余談になるが、関西ではサンキュー事故のことを「おおきに、ドン」というそうだ。なるほど言い得て妙である。
『サンキュー事故』
そこに安全運転の本質を学ぶことができる。

6 ダイヤモンド事故

路上にダイヤモンドがある。光り輝くほどのものではないけれど、
これに目がくらむと事故になる。

ダイヤモンドといっても、あのキラキラと輝く本物のダイヤのことではない。道路上にペイントで描かれたダイヤ型のマーク（道路標示）である。え？　そんなの知らない、なんて言わないでいただきたい。れっきとした道路標示。このマークは前方に横断歩道があるよと運転者に危険を知らせる公式の指示標示である。「横断歩道または自転車横断帯あり」が正式の呼び名だ。「横断歩道予告標示」ともいわれる。

路上のダイヤマークはすべての道路にあるというわけではないが、運転者が気がつきにくい危険な変形交差点付近とか交差点以外の単路にある横断歩道を運転者に知らせようとしてその手前に描かれている。

標示位置は横断歩道の手前の30ないし50メートル付近にある。長さ５メートル、幅1.5メートルの大きさでトランプのダイヤモンド型マークが描かれている。しかも運転者が見逃さないように、10ないし20メートルの間隔をおいて前後二個所に描かれている。もちろん車線が２つあればそれぞれの路線に描かれている。

いわれてみれば、あ、そんな道路標示もあったかなと思い出す人も多いと思う。初心の時代には運転免許試験問題として登場したはずだから知らないということはないだろうが、やがて運転経験を積んでくると易きに慣れて次第に記憶の外に置いてしまうようになる。運転者のために設けられた重要な警告標示なのにはなぜか関心が薄い。

[事故事例　横断歩道で幼児を轢く]

◇夕やみが迫るころ、Ｖ子さんは時速約60キロの速度で進行していた。80メートルほど先を左から右に横断する母子の姿を見かけた。

Ｖ子さんは、交差点でもないこんな場所で横断をするなんてなんとわきまえのない母親だと思いながら接近していった。母子はゆっくりと横断しその姿にＶ子さんはさらにいらだつが、まあ渡り終えるだろうと速度もゆるめず接近をしていった。が、そのときだ。母親に遅れて横断していた子供が急にだだをこねるように然路上にうずくまってしまったのである。予測もしなかったこの出来事にあわてたＶ子さんは夢中でブレーキを踏みハンドルを切って回避しようとしたが対応が間に合わなかった。こうしては５歳の幼児を跳ねて死亡させる交通事故を起こしたのである。

Ｖ子さんは実況検分（現場調査）の警察官から、「ここは単路に設けられた横断歩道であり、手前に横断歩道を予告するダイヤモンド型のマークが描かれているが気がついていましたか」と訊ねられたが、全く覚えがないと答えるしかなかった。

歩行者にとって横断歩道は、激流にもたとえられる車交通の川を渡る唯一の安全の掛け橋である。全国には約82万カ所あるという。横断歩道も交差点の付近にあるときは運転者のだれもがよく気配りをするが、学童通学路、買い物道路、病院前など、あるいは交差点と交差点の間が離れている道路に設けられた横断歩道になるととかく見逃しやすい。

近寄ってから横断歩道に気がついたのでは対応が遅れる。そこで運転者のために路上のダイヤモンド型マークが描かれ、この先横断歩道ありと事前の警告をしているわけだ。横断歩道での事故責任は重い。このマークは運転者としてけっして見過してはならない重要な警告情報である。

いささか古い話を持ち出して恐縮だが、尾崎紅葉の小説「金色夜叉」の女主人公は、ダイヤモンドに目がくらみ、心変わりをして恋人を捨て、やがては不幸を背負う身になったという。熱海の海岸はこれで有名になった。

目がくらんだわけではないだろうが、路上のダイヤモンドも目を反らして見えなかったでは不幸を呼ぶ。運転者はしっかりとこのマークに着目して先の危険を見損なわないように心配りしたい。

さきの事例の子供連れの母子の歩行速度は一般歩行者の約半分、１秒間に約80センチメートル程度と認識しなければならない。対してＶ子さんの車は時速60キロで１秒間に約16メートルの速さで接近していくのである。

夜でも光るこの路上のダイヤモンドは運転者のために横断歩道の存在を知らせる灯台だ。しっかりと見据えて、

『ダイヤモンド事故』

を起こさないようにしたい。

7 ジレンマゾーンの加速

黄色の信号を見て進むべきか止まるべきか思い悩むことがある。この領域をジレンマゾーンと呼ぶ。

ものごとの変り目にはとかく迷いが生じるものだ。右にするか左にするか、進むべきか退くべきかジレンマに陥ることがある。

交通信号機の黄色信号もまた運転者にジレンマをつくり出す。交差点の手前30から50メートルあたりで黄色信号に変わると、このまま進むのがよいか止まるがよいか運転者は一瞬思い悩む。だからこの領域を「ジレンマゾーン」と呼んでいる。

道路交通法が定める黄色信号の意味は、原則的には「停止位置を越えて進行してはならない」である。しかしすでに車が交差点に近接していて安全に停止することができない事情があるときは、例外として他の交通に注意して進行することを認めている。ジレンマによって運転者が不測の事故を起こすことがないようにするための配慮でもある。だからいって、速度を出しすぎていて安全に停止することができないは弁解にならない。

ところで近年の運転者は黄色信号を見てもジレンマを感じなくなったという。黄色信号を見て悩むどころか、それっと一気に加速して交差点を突破する車が多くなったというのだ。かくして「ジレンマゾーン」はいつしか「加速ゾーン」になってしまったようである。道路交通法が改正されたという話は聞いていないのに、実勢的に黄色信号は「急いで交差点を渡れ」の意味になってしまったようである。

ここで信号機のために弁護しておかなければなるまい。信号機は一見すると単純にかつ機械的に青、黄、赤と表示をしているだけのようだが、これでなかなかきめの細かい気配りをしている。走る車を交互に時間を区切って交差点の流れを変えるためには、道路条件、交通量、道路における車の実勢速度、渋滞度、歩行者・自転車の通行さらには運転者の心理などを計算に入れて、事故が起きないようにと涙ぐましい努力をしているのである。

基本的にはサイクル（信号周期）、スプリット（各色の現示時間）、オフセット（他の信号機との連携調整）といわれる信号制御技術を駆使して切り替えを行なっている。時差式信号、系統式信号、車感応式信号、青矢表示による右折処理あるいは押しボタン式信号などなど知恵を絞って交通の安全と円滑を図っている。

そして信号機がもっとも苦労するのは一方の流れを止めて新しい別の方向の流れをつくり出すタイミングである。そのためには一旦交差点をクリアーにしなければない。それが黄色信号の役目であり、だから「クリアランスタイム」と呼ばれる。

「クリアランスタイム（黄色）」も、長すぎると交通の円滑性を欠き、短かすぎては交差点内に車が残り危険がともなう。運転者に信号待ちのいら立ちも起きる。信号待ちにあせって飛び込む車があるかもしれない。こうした運転者の行動心理までを考慮に入れて、黄色時間を延長したり、さらには全方向を一時的に２秒ないし３秒間赤信号にしたりして、交差点の状況に応じたクリアランスを図ろうとしているわけだ。

信号機の少なかったかつての時代は、酒酔い運転とか無謀運転などよほどのことでもないかぎり信号機のある交差点で死亡事故が起きるなど考えてもみないことだった。ところが今日では信号機のある交差点での死亡事故が多発する傾向にある。

○右折車と直進車が互いに黄色信号をあせって交差点内で衝突する。

○黄色信号の終期になってもまだ間に合うと交差点に入った左折車が、信号変わりを待ちかねて動き出した横断者等を跳ねる。

○全赤色信号を悪用して無謀に交差点に進入をした車と、信号変わりを待ちかねて見切り発進をした車が衝突する。

などの事故がよく起きている。

信号機があるのになぜこうも重大事故がひんぱんに起きるのだろうか。理由はいろいろとあるだろうが、ことの始まりを考えると、「ジレンマゾーン」が「加速ゾーン」になってしまった現代の運転風潮にあるようだ。黄色信号で飛び込むのが当たり前となれば、赤色信号（全赤）でも何とかなるだろうと無理な進行をすることになる。交差点が信号表示と運転者の競り合いの場になってしまった。

『ジレンマゾーンの加速』

全赤信号まで悪用されてしまっては信号機もお手上げである。信号機には運転者のエゴまで制御する力はない。このままではジレンマゾーンは生きるか死ぬかのハムレットゾーンになる。

8 一時停止は二度停車

車は止まっても運転者のはやる心はまだ止まっていないのだ。心も止めて安全を確かめる、それが二度停車だ。

「一時停止は二度停車」。運転者ならだれも知っている安全運転の警句である。よく知られたこの言葉だが解釈にもいろいろとあるようだ。

通俗的な解釈によると、一度目の停車は交差点手前の停止線で止まること、二度目の停車はさらに見通しのきくところまで進んでもう一度止まると教える。あまのじゃくな言い方をすると、停止線がなかったり、あっても交差点直近だとすると二度目の停車ができないといらぬ心配をする。せっかくの警句だ、二度停車の真意をしっかりと理解しておく必要がありそうだ。

交差点に赤い逆三角形の「止まれ」の標識が設置されているということは、その交差点は出合い頭事故などが起きやすい危険度の高い交差点だということである。なぜなら徐行義務などのルール設定だけでは事故が防げないような危険度が高い交差点だから、公安委員会が判断し、特別に赤い逆三角形の標識を設けたものである。

こうした危険な交差点には、できれば信号機を設置するのがよいのだろうが、道路構造的に、財政的に、あるいは交通量がすくないなどの事情もあって設置するにいたっていない。しかし放ってはおけない交差点だから、運転者の一時停止による安全確認に期待して標識を特設している。警察官が取締りをしていないから大丈夫だと一時停止を怠(おこた)るのはまことに本末転倒なこと、交通事故は取締りがなくても起きるのである。

一時停止の取締りといえば笑い話がある。二輪車の運転者と取締りの警察官が一時停止の違反について足つき論争をしていた。一時停止をしていないととがめる警察官に対して二輪車側は片足をちゃんと地面に付けたから一時停止をしていたと抗弁し論争になる。そのころの道路交通法の一時停止の規定は、一旦止まる義務行為だけだったから、足を地面につけたかつけないかが一時停止の論点になってしまったわけだ。一時停止標識の真意から考えれば、足つき論争はまことにナンセンスな話なのだが、警察官も二輪車もこれまた本末転倒の争いをしていた。

道路交通法はこのあと一時停止の規定を改めた。「一時停止をしなければならない」のほかに、「交差道路を通行する車輛等の進行妨害をしてはならない」という安全確認の一文を加えたのである。つまり一時停止とはただ止まればよいとする形式的なものではなく、あくまで交差交通の安全を確認することであることを明らかにした。以後、足つき論争はなくなった。

[事故事例1　若者の驕りの走りが一時停止標識を無視]

◇A君は新車を自慢したかった。仲間を乗せてマシンの優秀さをひけらかすように時速80キロで走りまわった。そしてある交差点で一時停止の標識を無視したのである。結果はタンクローリーと出合い頭の衝突事故を起こしてA君は頭の骨を折って即死し、同乗の男女３人も顔などに重傷を負った。A君は日ごろから、一時停止の標識は警察官が陰に隠れて取締りをするために建てたものだからと後輩に教えていたという。

[事故事例２　出勤を急いで一時不停止]

◇出勤に遅れたB子さんの乗用車が見通しの悪い交差点でワゴン車と衝突した。ワゴン車の四人が死傷。B子さんも顔面に重傷を負った。かねて取締りがよく行なわれている場所だと教えられているので念のため形式的に一時停車はしたものの、左右の安全確認まではしなかった。

[事例３　慣れた交差点で一時不停止]

◇早朝のこと、Ｃ君のＲＶ車が一時停止を怠って観光バスと衝突した。乗客12人が大けがをし、同乗の友人２人も重傷を負った。Ｃ君としては何回となく通っている慣れた交差点であり、これまでにこの時間に他の車両に出会うこともほとんどなかったから、いつものように一時停止をしないで進入し衝突事故となった。

さて、いまや名言ともなった「一時停止は二度停車」の警句だが、それはけっして形式的な二度の停車を指すものではない。車を一旦止めても、運転者のはやる心はまだ止まっていない場合がある。そのはやる心を抑え、冷静にしかもしっかりと交差交通の危険の有無を確認すること、それが二度目の停車の真意だと解釈したい。(別項「出合頭は事故がしら」参照)

『一時停止は二度停車』

確かめてこそ停車の意味がある。

⑨ １人の横断者を見たら３人いると思え

１人が横断するのを見て安心するな。続いて追いかけ横断をする歩行者がまだ３人いると思え。

道路を横断する歩行者の事故は多い。ある年の歩行者の死亡事故を見ると、歩行者の事故死者総数の約74%（2,067人）は横断時の事故である（平成８年交通白書)。なかでも「横断歩道」を横断している歩行者の死亡事故が800件もある。油断できないことである。

一般的に歩行者の行動を見ると次のような危険なケースが目にとまる。

○１人が渡ると、そのあとを追いかけるように遠くから駆け込み横断をする。

○横断歩道があるのに別の場所を渡る。

○信号変わりを待ちきれずに横断を始める。

○右は見ていても左の確認を忘れて小走りに駆け出す。

○みんなで渡れば怖くないタイプの強引な集団横断がある。

○躊躇（ちゅうちょ）しているから渡らないのかと思うと急に横断を始める。

○子供は危険を考えずに大人の後を追って駆け出す。

○高齢者は車には無頓着（むとんちゃく）で横断を始める。

○渡り始めた子供、老人が途中で立ち止まる。

などなどよく見かけることだ。

事故統計を見ても、歩行者事故の内容には、

○飛び出し（約32%）

○信号無視（約18%）

○直前・直後横断（約13%）

○駐車車両の陰から横断（約13%）

○横断歩道以外横断（約７%）

が多い。

歩行者がルールを守らない、横断者はマナーを知らないと、運転者がぼやく気持ちもわかるが、その前に、歩行者には上記のような行動特性があることを理解しておく必要がある。

歩行者にとって横断とは、なにしろ激流にたとえられる車の流れを必死に横切る行動である。車の流れに威圧されながら、いつ横断できるかと機会をうかがっているのが横断者の心理である。そこでつい、ぎくしゃくとした行動にでやすい。

道路交通法もそうした歩行者の行動を考え、運転者に対して細かい気配りを求

めている。

○横断歩道では、横断者がいないことが明らかな場合を除いて、いつでも停止できるような安全な速度で進行する（法38条、横断歩道における歩行者の優先。◆歩行者がいないことが明らであるとき以外は徐行）。

○横断歩道のない交差点では、交差点あるいはそのすぐ近くで横断する歩行者の通行を妨げてはいけない（法38条の２、横断歩道がない交差点における歩行者の優先）。

○すべての交差点で運転者は歩行者に対して気配りの高い進行をしなければならない（法第36条４項、交差点安全進行の義務）。

車は急に止まれない。一方、歩行者は急に駈け出す傾向がある。とすれば古く言い尽くされた言葉かもしれないが、運転者としてはまさに「歩行者を見たら赤信号」である。

「易くして危うきを忘れず」は君子の心がけ。そして先輩が、

『１人の横断者を見たら３人いると思え』

と教えていた。１人の横断者を見て安心をせず、まだそのあとに続く駆け込み横断者があることに充分気を配ろう。

⑩ 交差点安全進行名言集

交差点は危険なジャングル。思いがけないアクシデントが起きる。
そこでいろいろな警句が生まれている。

1 『右折・左折は先を急がず』

交差点の右左折は、対向車、自転車、横断歩行者、信号変わりなどなど気配りをすることが多い。しかし早く曲がりたいのも運転者の心理。そこであせると思わぬアクシデントが起きる。平面交差の交差点ではなにが起こるかわからない。右・左折は先を急いではいけないと教える。また、

「右折、左折は歩く速度で」

「右折、左折は微速前進」

のことわざもある。

2 『曲がり損ねた道はまっすぐ進め』

曲がる予定を交差点の直前になって気がつきあわてて右左折をすると事故になる。

ギリギリの後出しウインカーでは周りの者は対応できないし、このとき二輪車を巻き込んだり、直進車の進行妨害をする。

曲がり損ねた道は、まずそのまままっすぐに進み、あせらずに安全な場所でUターンをしてくるくらいのゆとりが欲しい。まずはまっすぐ進めである。

3 『相手に一停標識があっても　徐行義務は免除されない』

見通しのきかない交差点だがGさんは交差する道路側に一時停止の標識があるのを知っていた。ここでは当然に相手側が一時停止をするはずだからと考え、速度を落とさずに交差点に飛び込んだ。はっと気がつくと、左からそろそろと頭を出してきた車がいた。すでに避けることもできず、こうして出合い頭の事故を起

こした。事故責任は相手側の一時不停止にあると主張したが、裁判所は次のように判決した。

【判例　Gさんにも徐行の義務がある】

◇「見通しの利かない交差点はたとえ相手側に一時停止の標識があっても徐行の義務がある（道路交通法第42条)。Gさんは交差道路側に一時停止の標識があることを知っていたからというが、この交差点を始めて通る人にはその標識の存在は解らない。見通しの利かない交差点の徐行義務を、標識があることを知っている者には免除し、知らないものには罰を課すというのでは公平でない。特別の事情（信号機のある交差点、優先道路の交差点など）がない限り、たとえ相手側に一時停止の標識があることを知っていたとしても、見通しの利かない交差点は徐行の義務がある。Gさんは事故について一端の責任を負う。(要点解説)」

4　『交差点近くで自転車を追い抜くな』

交差点の手前で左側を走る自転車を見つけた。小さい車だからと無感覚に自転車を追い抜くのは危険だ。

小回りの利く自転車には、サイドミラーはないし、後ろを振り向くこともしない。ときおり急に右に進路を変えたりする。自転車は、後ろの自動車が自分を追い抜いて左折するなど全く考えていない。

高齢者、買い物の主婦などによく見られる無感覚行動だが、交差点近くではむやみに自転車を追い抜かないことが鉄則。まずは自転車を先に行かせて様子を確かめ、それから交差点に入るくらいの慎重さが必要である。

5　『止まった車は危険を知ってる』

止まっている車を見て、「なにをやっているのかな」と思うより「なにかあるな」と疑うのが運転者の安全常識。

青信号なのに進まない。右・左折車を待っている様子でもない。「こんな所に止めて……」といらだつと危険が読めなくなってしまう。

前の車は、歩行者の横断待ち、狭い道での対向車待ちだったりする。「止まった車は危険を知っている」のだ、むやみに追い越し追い抜き行動をとってはならない。

第4章

運転者の心理と行動

人には十人十色といわれるように個性（気質・性格）がある。車はその個性が運転をする。性格だからとオレ流を振りかざせば他人との調和を欠いて事故になる。この章では、陥りやすい運転者の心理と起こしやすい事故の実態について探ってみる。

1 嘆きのシンデレラ事故

女性ドライバーにはとかく甘えと依存の傾向があるという。そのシンデレラコンプレックスが事故を起こす。

女性の心理には依存心という特有な傾向があると説く人がいた。アメリカの女流作家コレット・ダウリングはその著書『シンデレラコンプレックス』のなかで、「女性は、子供のときから怖いものから逃げるように仕向けられ、危なくないことだけをするようにしつけられてきた。……自立のための訓練は受けずに、その逆の依存心だけを仕込まれてきた……」
と女性の一般的心情を分析している。つまり女性の心にはシンデレラコンプレックスがあって、王子様のやさしい救いの手を待つ幻想的な甘えの願望が強くあるというのだ。

危険な運転者の代名詞としてひところ「一姫、二トラ、三ダンプ」といわれた時代があった。姫、すなわち女性ドライバーは他人のことを考えず自己中心的な運転をするから危いと敬遠されたわけだ。しかし今日の国民皆免許時代では、姫の免許人口もいまや3,000万人を超え、全運転免許保有者の40%を超えるまでに成長した。男女共同参画の時代「一姫」などと敬遠しては大変失礼に当たる。
しかし、女性ドライバーには男性に較（くら）べて事故形態に事故率の高いものがある。急速に増加した運転者群であるから統計としてはそのことも考慮する必要があるが、事故の発生形態を男女別に比較してみると、次のようにある事故形態では、あきらかに女性上位の発生傾向が見られた。（%は男女それぞれの事故の構成率を示している）

○信号機のない交差点での右左折事故（女性＝37%、男性＝29.3%）
○交差点の出合頭事故（女性＝33%、男性＝24.5%）
○脇見（わきみ）運転事故（女性＝33.6%、男性＝31.5%）
○一時不停止事故（女性＝24.1%、男性＝21.6%）
○優先通行妨害事故（女性＝9.6%、男性＝7.4%）

それほど大きな差ではないとしても、この数字で見るかぎりでは、女性ドライバーは複雑な気配りが必要な交差点などが苦手のようである。
女性ドライバー自身もまた運転に関する自己評価でこの傾向を裏づけるつぎのような回答をしていた。（　）内の自認率とは、女性ドライバーがアンケートで「肯定する」「やや肯定する」と回答した数を示している（安全運転センター資料から）。
女性運転者は、

○メカに弱く車の構造をよく知らない（自認率88%）。
○決断力が甘く、とっさのときの機敏な対応が苦手である（自認率76%）。
○とかく自分本位の運転になりやすい（自認率63%）。
○困ったときは他人に依存する運転になりがちである（自認率60%）。
○交通のルールをよく知らない人が多い（自認率51%）。

というのである。うーむ、こうなると日本の女性ドライバーにもやはりシンデレラコンプレックスがあるのかな。
もちろん女性ドライバーには男性にない優れた点があることを忘れてはいけないだろう。

○慎重で控え目な速度の運転であること。
○無理、無謀、乱暴な運転をしないこと。

○一般的に優しい運転をすること。
などである。

さて、これらの話をまとめてみると、総体的に、女性ドライバーの運転は、静かで優しい控えめの運転だが、メカに弱く、また事態に対処して機敏な判断に欠け、とかく他人に依存する運転になりがちだということになる。もっとも中年の女性ドライバーのなかには攻撃的で自己主張の強い運転者がいるという辛口評価もある。

ともあれ今日は、専業主婦はもとより、営農、漁労、商業、物流に至るまで女性ドライバーの貢献度は高くこれを見過すことはできない。これからもますます女性ドライバーなくして夜の明けぬ国になることは間違いないだろう。

だが、車運転にレディファーストはない。起こした事故の責任に男女の区別はない。危機に直面しても白馬に乗った王子様が現れることもないし、女性ドライバーが運転する車だという標識マークはどこにもない。車運転の責任に男女の区別はないことだけはしっかりと自覚していただきたい。

『嘆(なげ)きのシンデレラ事故』
を起こしてはならない。

2 棋風(ぎふう)、雀風(じゃんふう)、運転風

人には気質、性格がある。運転にもその流儀が出る。安全運転とは自分流をいかに他人と調和させるかにある。

むかし、将棋の名人関根金次郎と阪田三吉の対局が全国の将棋ファンを沸かせた。理論将棋の関根と直感将棋の阪田という棋風(ぎふう)の異なる天才棋士の東西対決がファンを熱狂させたのである。「棋風」とは棋士の持ち味、つまりは気質、性格が流儀として特徴ずけられた戦法だ。麻雀なら雀風、ゴルフならゴル風かな。そ

して車運転もまた気質性格がにじみ出る運転風がある。だがこの気風を強く出しすぎると他との調和を欠くからとかく事故のもとになる。

個性といえばよく引き合いに出されるのが戦国の三英雄だ。織田信長は不退転なチャレンジ精神で天下を望み、豊臣秀吉は煥発（かんぱつ）な才気と機敏な行動力で天下人となった。そして知的な行動力と強い忍耐力で磐石な地位を築いたのが徳川家康である。それぞれが抜群の個性をもって天下を制覇した。

しかし、その強烈で、すぐれた個性も別の角度からみると違ったものが見えてくる。独善的で非情な信長、無謀に海外雄飛を試みるおどけ者の秀吉、狡猾（こうかつ）な独裁者家康という評価もある。

そこでこの戦国の三英雄に個性をむき出しにして車運転をしてもらうことにするとどうだろうか。結果は他人への思いやりを欠く身勝手運転の信長、スタンドプレーを意識し過ぎて危険が見えなくなる秀吉、目的のためにはルールをも無視する家康という運転風になるかもしれない。

個性は人の持ち味だから尊重されなければならないものだ。しかしこの個性もときと場合によって利点にも欠点にもなることを考えておかなければならない。車運転の場合でいうと、

○行動はすばやいが（利点）、思い込みが過ぎて正確さを欠きやすい（欠点）。
○考え深いが（利点）、決断が遅く措置を誤りやすい（欠点）。
○直感的でたくみな行動をとるが（利点）、早とちりの傾向がある（欠点）。
○積極的なのはよいが（利点）、攻撃的で無理な行動をとりやすい（欠点）。
○懐（ふところ）の深い寛容さを持っているが（利点）、危険に対する認識が甘い（欠点）。
○明るく開放的だが（利点）、ときに移り気である（欠点）。

といった具合である。こうなると利点も裏を返すとその人のウィークポイントであったりするわけだ。

車運転にみんなが個性の音色を響かせて俺流の運転をしあったとしたらそこには安全はない。信長も、秀吉も、家康も、そして学者も、商人も、政治家も、芸術家も、サラリーマンも、男も女も、それぞれがいかにすぐれた個性の持ち主で

あったとしても、こと運転に関しては危険を分担しあう（気配りをしあう）同質の運転者でなければならないのだ。

こうした同質な運転行動を維持する指標として設けられたのが道路交通法のルールである。いかななる個性の持ち主の運転者も、最低限、まずそこに示された共同・同質のルールを順守する義務がある。

しかしこの道路交通法も、運転者の内心に立ち至ってまで行動ルールを定めることはできない。たとえば、「ぼんやり運転をしている」「危険に対する認識が甘い」までをすべて違反として具体的に示し切れない（別項「道交法の泣きどころ」参照）。

そして事故の大半はヒューマンエラーで起きている。つまりは日常の運転態度の善し悪しが事故の根っ子になっている。個性をむき出しにして他人のことも考えないで身勝手に運転することが事故を起こしている。これは俺の（私の）性格だからといって、あせり、うっかり、ぼんやり、早とちり、乱暴、身勝手運転をしたのでは事故はなくならないのである。

運転の安全を説く言葉にもいろいろとある。たとえば、「ルールを守ることだ」「気配りを高く持つことだ」「人命の尊さを知ることだ」などなどがある。

しかし、それらのもっとも基本にあるものは、運転者が自身のウィークポイントをわきまえてこれをむき出しにしないようにコントロールすることである。つい調子に乗って、すぐ頭にきて、などなど運転に不向きなウィークポイントがあったとしたら、これをセーブする努力を常に怠らないこと、これが運転の安全に最も大切なことである。

『棋風、雀風、運転風』

車社会は個性的力量を競い合う場ではない。みんなが自我を抑え、相利共生の１人となって安全を保つ場である。

3 あの子は事故で心を亡くしました

善良な青年が、ただ一度の速度の誘惑に負けて事故。被害者の屍体を引きずって自宅の車庫へと運んだ。

交通事故が被害者に与える苦悩の重さはいうまでもないことだが、加害者もまた事故の責任の重さに生涯拭いきれない苦難を背負うことがある。それは単に賠償という問題だけではなく、事故の呵責（かしゃく）が生きる心まで奪うのである。

Ａ君は有名大学に籍を置く向学心に富んだ知性豊かな好青年である。一粒だねのＡ君に寄せる両親の夢と期待は大きい。そのＡ君のただの一度の過ちが事故を起こし、やがて一家が絶望の渕（ふち）に沈むことになる。

[事故事例　死体を引きずって車庫へ]

◇交通事故のあったその夜は友人達との久しぶりのマージャン会の帰りだった。ゲームにも大勝し、水割りのウイスキーに心もうきうきと開放的だった。

11月の午前２時はもう猫の子一匹動く気配もない。遠くに見える人家の灯と、月の光に蒼白く延びる凍てついた道路だけの世界である。

Ａ君はかねてから愛車の実力を試してみたいと思っていた。この道はいつも通り慣れている直線道路だ。この深夜にはもう障害物のあるはずもない。腕には覚えがある。一瞬のためらいもあったが魅せられたようにアクセルをギューと床につくほど踏み込んだ。メーターがぐんぐんとあがる。街灯のあかりも小気味よく後ろに跳んでいく。念願かなったような快感がＡ君の全身をつつみ込む。が、そのときである。ライトの光芒に道を横切る黒い人影が浮かんだ。それは千鳥足でゆっくりと横断する人の姿である。あわてて急ブレーキを踏んだがすでに遅かった。ドスーンという生ぬるい衝撃を手に感じる。事故だ。思わぬ出来事にＡ君は動顛（どうてん）した。恐ろしさのあまり夢中で逃げるようにその場から立ち去ってしまった。

帰宅をして１時間も経たないころである。玄関に警察官らしい人の声がする。

けげんそうに応対する母の声を聞きながら、もうこれまでかとＡ君は玄関に出る。それにしてもどうしてこんなに早く自分の車のことがわかってしまったのか不思議でもあった。

警察官の求めに応じて車庫の扉を開ける……。そしてそこにＡ君が目にしたのはまことに世にも恐ろしき光景であったのだ。まぎれもなく車の下に人がいる。屍体（したい）だ。

死者の執念か怨念か、被害者はサスペンション・ロアーアームに腕を差し込んだような状態で衣服を引っかけ、約500メートルの道のりをここまで車に引きずられてきたのである。スラックスはずれ落ち、足の肉はそがれて骨はむき出し、まさにこの世のものとは思えない見るも無惨な姿であった。交通事故の現場から路上に残された血肉の痕跡は、助けを求めるかのような、事故を呪うような、悲痛な叫び声のようでもあった。警察官はこの痕跡に導かれるようにＡ君の家に到達したのである。

車の速度はときに人の理性を狂わせる。Ａ君ならずともだれでも速度の誘惑と一度や二度は戦った経験があるだろう。理性がその誘惑に負けたとき、車を乗りこなすつもりがいつしか車の速度に乗せられて大きな過ちを犯す。Ａ君が犯した死亡ひき逃げ事故も、善良な青年がある夜のふとした心の迷いが速度の誘惑に負けて起こした事故である。だがその結果はあまりにも悲惨である。

被害者側への償いが終わっても、事故はＡ君と両親をさらにさらに厳しい責め苦の淵に落としていく。Ａ君はあの夜の事故のあまりもの光景にショックを受け、やがて口もきかない心を病む人になってしまったのである。もう両親の励ましにも感情を示さない。うつろな世界に生きる人になり学業復帰の見込みもない。世に言う廃人同様となってしまったのである。

ただただ涙するばかりの母親は人に会うとあきらめきれぬ不運を嘆きながら

『あの子は事故で心を亡くしました』

と語っていた。

交通事故とは被害者はもとより加害者にもまたこれほどまでの過酷な苦しみを与えるものなのである。

4 高速道路の赤い誘蛾灯

高速道路には運転者を誘う赤い誘蛾灯がある。正体は孤独と単調さがつくり出した運転者の思い違いの灯り。

夏の虫を誘う誘蛾灯は青い色をしている。しかし夜の高速道路には赤い色の誘蛾灯がある。いや誘車灯というのかもしれない。このあかりに誘われた車は吸込まれるように危険に近づき、避けようもなく交通事故を起こす。

[事故事例　高速道路で駐車車両に激突]

◇午前３時。郊外の高速道路は通行する車もまばらである。運転者は自車の単調な走行音を耳にするだけで辺りは暗く密室の車内で運転者の心は孤独である。そんなとき前方に赤い光りを見つけた。先行する車のテールランプに違いない。仲間を見つけた喜びと安堵感にＵさんはその明かりを見つめて次第に距離を詰めていった。

近づいて慌てた。なんとそれは路側帯に停車して小用を足している車とその乗員達であった。速度120キロの接近速度ではもはや回避の方法もない。路上に降り立つ３名の黒い影に向かって車は突っ込んでいったのである。Ｕさんはこうして赤い光に誘われて死傷者３名という重大事故を起こした。

整備された高速道路は道幅も広く信号機もなく対向車もないから走りやすい。だからこそ人は本来的な速度対応能力を越えて高速で走ることができる。だがその高速道路も走りやすさはつくれても車を停めやすくすることまではできない。時速120キロの高速走行ともなれば停止距離も優に120メートルを超える。ジェット機のようにパラシュートでもつけないかぎりこの停止距離を短くすることはできないだろう。

高速走行はこうした道路環境に助けられて可能となるが、しかし、正直なところ運転者の心は高速走行なるが故に常に潜在的な不安感を持っている。なにしろ一つ間違えば重大な事故になることを知っているからである。その潜在的な危機感がときにわずかのことをきっかけにして、運転者に錯覚、錯誤、狼狽（ろうばい）を起こさせることになる。

下り坂が上り坂に見え（勾配の錯覚）、赤色は近くにあると見え（色彩の錯覚）、きついカーブをなだらかものと感じ（曲率の錯覚）、小さいものは遠くにあると思い（距離の錯覚）、渋滞の後尾についても車の流れはこれまでと同じ速度で走行していると考える（速度の錯覚）などなど、だれもが一度や二度は経験をしていることである。

そして高速走行中に現れた異変は、運転者に必要以上な狼狽心をもたらすのだ。その結果、運転者は常識では考えられないような行動をとる。高速道路に多い単独事故もなぜ独り橋脚に激突していくのか、追越し車両は危険を承知でなぜ急な車線戻りをするのか、これらを単に速度の出しすぎ、居眠り、技術未熟というだけではかたずけられない。そこになにものかがある。

一方、潜在する不安を抱えながら刺激の弱い高速運転状態が長く続くと、こんどは知覚が鈍磨して高速走行感覚もなくなる。これがさらに進むと一点凝視の低覚醒（かくせい）状態にもなる。こうなると変化や異常に対する判断や反応が著しく減衰している。そして渋滞で減速している前の車軍に追いついたとき、なお前の車は同じような速度で走っていると思い込む。

さきのUさんの事例もまた、ひたすらに赤い光を求めて接近した。そしてライトの灯に浮かんだのは非情にも路側帯に停車する駐車車両であったというわけだ。

高速道路は常に気力の高い運転を維持しなければならない。そのためには、

○２時間走ったら休息をする（心身のリフレッシュ）。

○５時間走ったら休憩をする（人が充実した活動を続ける限界時間）。

○窓を開けて風を入れる（大脳への酸素供給と覚醒度の高揚）。

○タバコを吸う、ガムをかむ、肩・首の軽い運動をする（運動刺激による心身の活性化）。

○ラジオを聞いたり、軽い会話をする（活動リズムの復活補助手段）。

などなどその人に応じた心身活性術を積極的に試みることだ。サービスエリアなどはそのためにも用意されている。

『高速道路の赤い誘蛾灯（ゆうがとう）』

その正体は、単調な高速走行がつくり出した幻のあかりであった。活力の高い運転を続けよう。

5 左に慣れて左事故

車の左側位置の確認は教習所時代からだれもが苦手だった。その左に慣れたころに思わぬ事故が起きる。

街を走っている車を見ると、車の左側部分を痛めている車が多いのに気がつく。バンパー、フェンダー、ドアー、スカート部分などを、壊したりへこましたりしている。わざわざぶつける人もいないだろうから、おそらく自慢の腕が狂って、電柱やブロック塀にこすりつき、駐車場で隣の車に接触し、曲り角の縁石に乗り上げたりした痕跡だろう。

左側の事故といっても、この程度の軽いものであればまあまあと、あきらめも

左側は運転席からもっとも離れていることで接触も起こりやすい。

つく。しかしこの左側の慣れに甘んじていると、とんでもない重大事故を引き起こすことがあるから要注意。

[事故事例１　送迎バスが河川敷に転落]

◇従業員37人を乗せた会社の送迎バスが堤防上の道路で左側の路肩を崩して５メートル下の河川敷に転落した。車は一回転し横倒しになって止まる。幸いに死者こそなかったが乗員全員が重軽傷を負った。事故の原因は、幅員６メートルの堤防道路上でダンプカーと行き違った送迎バスが、車を左に寄せ過ぎたことにある。送迎バスの運転者は運転歴15年のベテランだ。左側タイヤの走行位置がどこにあるかは永年の勘で充分に心得ているはず。だが、運転も自信が過ぎると見栄になりやすい。上手な運転だ、さすが優れた運転技量だといわれたくてついと無理をしたくなる。狭い道路での行き違いに見栄の走りが速度も緩めず路肩ぎりぎりの走行をした。雨上がりの軟弱な路肩が崩れて大事故となった。

[事故事例２　観光バスが崖下に転落]

◇山間部で左カーブにさしかかった大型観光バスが、左後輪を路外に外した。

車はそのままあれよあれよというままに、後部からズルズルと高さ９メートルの崖下に滑落していった。この事故で乗客50人のうち３人が死亡、他の全員が重軽傷を負った。事故の原因は内輪差を甘く見た運転者が、対向車との行き違いに際して左によりすぎた失敗である。運転経験20年のベテランが起したまさかの事故だった。

教習所を卒業してもう○○年。思い起こせば車の左側は、Ｓ型、クランク、方向変換、縦列駐車、車庫入れなどと随分と悩んだものだ。しかしそれもむかしのこと。運転経験を積んだいまではこの左側にもすっかり慣れて充分に自信がある。その慣れたはずの左側で上記の事例のような失敗が起きる。それは山道や堤防道路には限らない。踏切内での落輪、交差点の左折の寄り込み、左カーブでフェンス接触などの事故もよく起きる。

もともと車の左側位置は、キャブオーバータイプの車を別にして直接に目で確認することはできない。いわば経験による勘でつくり上げた確かさである。この「勘」は、視覚、聴覚、嗅覚、味覚、触覚の五感を越えて物事を感じとる心の働きのことで「第六感」とも呼ばれる総合的感覚である。五感が狂えば当然に正確さを欠く。

体調を崩していたり、有頂天になっていたり、あるいは運転する車種が違えば当然にこの勘も狂ってくる。教習所時代にボンネットに目印をつけることを許さなかったのはこの勘を充分に養おうとしたわけだろうが、だからといっても体調や車が変わればこの勘もまた変わるのである。新車に乗り換えたらとたんにフェンダーを傷めた、友人の車を借りたら電柱をこすった、あわてて曲がったら自転車に接触した、かっこうよく曲がろうとしたら縁石に噛みついたなどなど、自慢の勘がはずれて、車のほうがなにかに当たってしまうのである。

街でよく見かけるバンパー、フェンダー、ドアー、スカート部分などを痛めた車も、きっとこの自慢の勘が狂ってのことに違いない。しかし縁石を噛み、電柱をこすり、ブロック塀をかじる程度であれば不幸中の幸いだと思わなければなるまい。

さきの事例のように、取り返しもつかないような事態を起こしては大変だ。
『左に慣れて左事故』
運転者のカンピューターは狂いやすいものであることをよく承知しておくことだ。体調も心も万全に、そしてなによりもゆとりのある運転をすることがこの過ちをなくす。

6 お化けと速度は夜になると出たがる

闇は人の理性を奪う。夜の死亡事故の多くは闇に化かされた運転者が速度の出し過ぎで起こしている。

ことわざに、「夜の猫はみな灰色になる」、「やみ夜ときつねは人をたぶらかす」、「夜の君子はつつしみを忘れる」とあるように、まこと夜の闇には人の理性を狂わすなにものかがある。夜も遅く密室状態の運転席でひとりハンドルを握るとき、運転者に闇という魔物が襲いかかると、運転者は恐さを忘れ慎みを捨て、ついつい速度を出し過ぎて思わぬ事故を起こすのである。

交通事故統計によると昼夜間の事故発生率は、人身事故全体では、昼間が69.9%、夜間が30.1%であり昼間の事故が圧倒的に多い。ところがこれを死亡事故だけに限って見ると、昼間の46.3%（3,892件）に対し、夜間は53.7%（4,522件）と昼夜の発生件数が逆転する。「死亡事故は夜起きる」という感じである。（交通白書平成14年版）
さてどうしてこうも夜間の死亡事故が多いのか。国民の生活が24時間化して人々の夜間活動が活発になったからという見方もある。しかし、だからといって昼夜の交通量が逆転したわけではないから、それだけでは説得力がない。となると夜の事故には車を操る運転者自身になにやら事情がありそうだ。
夜間における運転者の心理をのぞいて見る。一般的に深夜などの運転では、
○密室もどきの運転席で孤独感と不安感に襲われる。

○他人に見られていない解放感があり、昼間と違った大胆な行動をとる。
○暗い夜道は障害物が見えないから危険はないと思い込む。
○ヘッドライトの照射距離に限界があることを忘れている。
○交通量が少ないから運転をしやすい道路だと思い違いをする。
○夜間は運転者自身の視覚機能が20%も落ちていることに自覚がない。
○深夜の運転は帰巣本能が働き、帰宅を急いで速度が速めになる。
などなどの傾向が生まれやすい。夜は危険が少なく走りやすいと思いたくなるのである。

夜間の死亡事故を見ると事故形態に特徴がある。その第一は歩行者がらみの死亡事故が目立つことと、第二は単独死亡事故が多いことである。いずれの事故も昼間に較べて約２倍の発生件数がある。

第一の歩行者がらみの事故は、多くは横断する歩行者の発見遅れ事故だ。なかには背面から歩行者に衝突する事故もある。午後８時から午後10時の時間帯に多い。歩行者を見つけたときはすでに停止距離がなかったというのは、多くは速度の出しすぎが原因している。

第二の単独死亡事故は、深夜から未明にかけた時間帯に多い。電柱、塀、防護柵、分離帯などの工作物に激突して死亡する。また駐車車両に衝突する事故が約一割もあるのは見逃せない問題だ。単独事故の特徴の１つに24歳以下の年代の運転者が約半数を占めていることは注目に値する。そして飲酒運転の影響もあるだろう。

ところで、警察庁が行なったあるアンケートによると、「速度50キロ規制の道路を深夜に走るとき、いつもどのくらいの速度を出しているか」との質問に対して、全体の約30%の運転者が70キロぐらいと回答していた。この70キロ走行の答えは、若い世代では３人に１人が、中堅世代でも４人に１人が肯定している。道路事情にもよるが70キロは昼間でも危険が伴うことがあるというのに、どうして夜間は70キロが走りやすい速度になるのだろうか。

夜間の視認距離は、照明設備の行き届いた道路でないかぎりライトの有効照射距離に限られる。減光下向きのヘッドライトの照射距離は、車両検査基準では40メートルとされているが、ようやく50メートル程度だ。一方、時速70キロ時における停止距離は約55メートル必要である。となると、減光下向きのライトで時速70キロの走りをしたときには、闇に浮かんだ人影を認めたときはすでに停止距離がないことになる。しかも夜間のことだから、視力の低下もあるし、認知力も落ちて反応時間も長くなるだろう。こうしてまさかの事態に直面する。

実験によると、黒い衣服の歩行者や反射鏡のない自転車の夜間の視認距離は約20メートルぐらいだという。ライトの光りの中に突如と浮かんだ影に、なんだろう？　と目を凝らしたときには急ブレーキをかけても間に合わない位置にあるということだ。

『お化けと速度は夜になると出たがる』

夜間の死亡事故の多発は、どうやら闇にたぶらかされて速度を出しすぎてしまうことにあるようだ。くわばら、くわばら。

7 ヘアピンより怖い大曲り

カーブにおける死亡事故が多い。それもRのきついカーブではなく、緩い大曲りのカーブで起きる。

「ヘアピンカーブ」呼ばれる半径の小さな急カーブがある。形状が女性の髪型を整える小さなピンもとに似ているからそう呼ばれている。この「ヘアピンカーブ」はカーブ走行の妙技を見せるプロのレーサーでもコースアウトをしないように慎重に運転する場所だ。

「ヘアピンカーブ」は一般公道にはほとんどない。あっても山間地の道路にときどき見かけるぐらいだろう。それに「ヘアピンカーブ」はだれもが危険を感じて慎重に走るから、よほどのことでもないかぎり事故は起きない。ところが不思議なことにカーブ事故というと、半径の大きな、いわばなだらかな大曲りのカーブでよく起きている。

[事故事例１　マイクロバスのはみ出し]

◇Ｋさんはマイクロバスで国体選手26人を乗せ競技会場に向かう途中だった。大曲りの左カーブにさしかかったが慣れている道だ。時間に遅れないようにと時速約75キロの速度でひた走る。だが、カーブのなかごろになって車のバランスが不安定になり危険を感じた。Ｋさんはあわててブレーキに足を乗せたが、すでにグリップ力を失ったタイヤはスキッドアウトしてセンターラインをはみ出す。おりから対向の貨物車と衝突し、選手26人全員が重軽傷を負う最悪の事態になった。

[事故事例２　山道のカーブで転落]

◇Ｌ君の乗用車は山道のつづらおりのカーブをブレーキを踏み踏み下っていた。やがて比較的緩やかな左カーブにさしかかる。この程度のカーブは大丈夫とノンブレーキで走り込んだが、そのときハンドルに異変を感じた。内側のタイヤがふわっと浮き上る。やばいと危険を感じたときはすでに遅く、車は流れて右側のガードフェンスに激突し、さらにその勢いでこれを突き破って崖下に転落した。この事故で同乗の３人が死亡した。

死亡事故の統計を見るとその18%余はカーブで起きている。しかもそのカーブはヘアピンカーブのようなきついカーブではなく、むしろ比較的緩やかな大曲りのカーブで起きている。筆者の調査でも、カーブ事故の約半数は比較的なだらかなカーブを、時速70、80キロの速度で走って起こしていた。

ヘアピンでもない緩やかな大曲りのカーブでなぜこうも多くの事故が起きるのだろうか。大曲りのカーブにさしかかった運転者の心理を覗いてみよう。大曲りのカーブは、

○見た目にはやさしい緩やかなカーブだから危機感を持たない。

○やさしいと見てコーナーリングを楽しむ遊びごころが生まれる。

○通り慣れたカーブでは過去の安全体験から次第に速度がエスカレートする。

○少しぐらいの加速だからと楽観的に考え、速度の二乗に比例して遠心力

が増大することを忘れている。

○カーブの旋回(せんかい)限界速度を体験する機会がなく無知だった。

「旋回限界速度」とは、タイヤやサスペンションが遠心力に耐えてバランスを保つ速度の限度であり、車の種類、サスペンション性能、タイヤのグリップ力、路面の摩擦係数などによって異なるが、一般的に、半径50メートルなら速度70キロ程度まで、半径80メートルでは速度90キロぐらいまでが限度といわれる。

この「旋回限界速度」を越えると、車は内側のタイヤが浮き加減（ホイールリフト）になる。外側のタイヤが精いっぱい踏ん張るがやがて絶えきれず、外側へと滑りだす（スキッドアウト）。このときブレーキをかけて前輪に負荷が多くかかれば車は、内側へ切れ込むようにスピンする。もうこの状態になるとハンドル操作でたて直すことはできない。対応しても車は、右に左に蛇行するだけで元には戻せない。結局は物に激突するか転落して止まるだけである。

プロのレーサーも「クラッシュ」するのはヘアピンカーブよりもその前後の緩

いカーブだという。緩やかカーブは、コーナリング速度を誤りやすいからだという。ゆるやかなカーブだからとあまく見ると、遠心力（求心力）は速度の二乗に比例して増大しているのだからこれを忘れると危険が待っている。

『ヘアピンより怖い大曲がり』

「曲がれないよー……」となったときには命の保証がない。

8 呼称でただせ心の故障

疲れて、あせって、ぼんやりして、心が故障すると事故が起きる。
呼称運転で心の故障を直そう。

列車の運転士や航空機の操縦士は、信号や計器類を指差して呼称確認をする職業的習わしがある。「指差称呼」ともいわれる。人の命を預かるプロフェッショナルだから絶対にミスは許されない。その責任感が生み出したプロの安全管理術である。

プロといえば、プロ野球の投手の中にも投球の前に何やらぶつぶつと独りごとをつぶやく選手がいる。これも先発長丁場の厳しい投球の中で緊張の糸が切れないようにするための知恵だろうか、こちらの方はさしずめ「呼称投球」ということになる。

自動車の運転は常に緊張の連続である。電車のように専用軌道を走るわけではないし、飛行機のように上空に上がったら自動操縦をというわけにはいかない。乗るときから降りるまで果てしなく緊張の持続が要求される。といっても人だから、環境や条件に支配されて心は揺れ動き、体調やそのときの心理状態で緊張を欠きそうになる。

交通事故を起こした運転者に事故直前の心の状態を聞いてみたことがある。

○先急ぎしていた。

○いらいらしていた。

○考え事をしていた。

○ぼんやりしていた。

○なんとなく眠かった。

などの答が返ってきた。事故の多くは運転中に好ましくない心の故障があるときに起きている。

ところで、人が高い意識を持ち続ける時間（緊張の持続）は、一般的に約２時間ぐらいまでといわれる。これを超えると懸命な努力をしても思考が乱れ、気だるくなって、気配りが弱く行動が不活発になる。学校の授業時間の単位が60分あるいは休憩を挟んでの90分制を採用しているのもこうした人の生理にもとずいている。高速道路のサービスエリアも、国道にある「道の駅」も、運転者の心が故障する前にリフレッシュをしてほしいと設けられた施設である。

しかしひと息入れたいと思ってもなかなかそうはできない場合もある。それを承知で無理な運転を続けることになると危険率が高い。まずは休むことがなによりである。だがそれが許されないとしたら、当面の有効な対策、気付け薬として「呼称運転」がある。つまり、言葉を発することによって大脳を刺激し、クールな自分を呼び覚まそうというわけだ。

「呼称運転」といってもそう難しく考える必要はない。疲れてきたな、眠くなりそうだな、いらいらしてきたなと思ったら、目に映る対象物を見てなんでもよいから自分流につぶやけばよい。たとえば、「信号黄色！」「横断歩道あり！」「子供がいる！」「自転車に注意！」「カーブだぞ！」「見通し悪し！」「前車減速！」「合流車注意！」「サービスエリアーだがパス！」「……まであと○○キロ！」などなど認識できる施設、標識、交通環境などを捉（とら）えて言葉にすればよい。なにもないときは「かあちゃん頑張っているよ！」でもよいと思う。そして心の活性化をはかる。

こうして「呼称運転」は、自己の呼び覚ましの手法としてだれにでも有効であるが、とくにつぎのような性格的傾向を持っている運転者には、ぜひ奨めたい。

○判断よりも動作が先走りしやすい人（せっかち、そそっかしいタイプ）

○おおまかで動作が粗雑な人（はやとちり、大ざっぱタイプ）

○なにかとこだわりを持ちやすい人（くよくよと考え事をするタイプ）
○自己主張を強く出して運転をしたがる人（自己正当化、攻撃的タイプ）
○快活だがとかく調子に乗りやすい人（上調子、がさつなタイプ）
（元科学警察研究所交通安全研究室長の大塚博保著『安全指導の技法』から）

さてさて「呼称運転」の効果はわかっていても、実行には少し勇気がいるかも。電車の運転席と違って人に見られている思いもあり、なんとなく気恥ずかしい。だが、大切なことは事故を起こさないことだ。まあニュース番組のアナウンサーにでもなったつもりで、軽く実況放送風のつぶやきを実行してはいかがだろうか。

心の故障はそれ自体自覚しにくいことである。だからこそ日頃から、自分の気質、性格、体調、精神活動性などにおけるウィークポイントをよくわきまえておき、自身の空白状態にいち早く気づいたら意識的に「呼称運転」をする習慣を身に付けておくことがよい。

『呼称でただす心の故障』

だれにでも起きやすい心の故障だが、呼称運転でいち早く修復しよう。

9 「だろう」「はずだ」が事故の始まり

交通事故の大半は期待と現実のミスマッチで起きる。「だろう」「はずだ」の見込み違いが事故になる。

ことわざに「浅い川も深く渡れ」とあった。いくら川底が見えているからといっても雨でも降れば深みも変わっている。前に渡ったときは安全だったから今度も「大丈夫だろう」と、うかつに渡ると足を救われ深みにはまって溺れる。

交通事故もその多くはこうした「見込み違い」で起きているのだ。運転者の期待と現実のミスマッチである。たとえば、

○子供が横断を始めることはないだろう（子供事故）。
○自転車はそのまままっすぐに進むだろう（自転車事故）。

○前の車が急に止まるとは思ってもみなかった（追突事故）。
○慣れた道だから心配はないはず（出合い頭事故）。
○ゆるいカーブだから少しくらい加速しても大丈夫のはず（カーブ事故）。

といった具合で事故が起きている。「だろう」「はずだ」が事故になる。

ところで人が「大丈夫だろう」と思うときは、「だろう」の裏側に「危ないかもしれない」の危惧（きぐ）が潜んでいるものだ。「大丈夫だろう」は一抹の不安の上に希望を託している。先を急いだり、慣れた道に安心をしているとときはこの不安の振り払って「大丈夫のはず」と決め込んで行動する。つまり「大丈夫だろう」とは「危ないかもしれない」の裏返し。その時賢明な運転者は浅い川も深く渡る。

こうした危機認識力を高めるために、近年では運転者に対して「危険感受能力」あるいは「危険予知能力」の向上が求められている。川の深さが確かめられなくても、こうしたときは危険がよくあることだと読み取る力を「危険予知能力」という。

「ベテランとは見えない危険が読める人」ということわざもある。

今日の車社会、すべてことごとく危いと考えて運転するのでは負担が重すぎて運転できない。そこで一般的によく起きる危険については、道路交通法がその安全対応として行動ルールを定めている。運転者はこのルールを守ることで、浅く見えても深いかもしれないと予知して通ることになる。

「ルールを守るものは事故から身を守る」ということわざもある。

こうしたルールがあるから初心者でも経験10年のベテランに伍（ご）して一応の運転

が可能になる。

しかしさすがの道路交通法も、運転者にすべてを危険を具体的なルールで示し警告することはできない。たとえば子供、老人、自転車、交差点の相互関係などには微妙な接点があり、そのすべてにわたってルール化することは困難である(別項「道路交通法の泣きどころ」参照)。

運転者の義務は、定められたルールを守ることはもとより、予測される危険な関係は可能な限りに危険を回避し、人を傷つけない責任を持つことだから、「だろう」「はずだ」運転は責任を考えない運転ということになる。いや「危険感受能力」の弱い人であるかもしれない。

やがて時代が進むと、街の中には自動車専用の電子道路がつくられ、交差交通も混合交通もなく、車両は電波に誘導されて安全に走ることになるかもしれない。こうなれば「危険予知能力」もそれほで高いものはなくてもよいことになるが、それはまだまだ遠い未来のことである。それまでは気配りの高い「危険予知」運転にに徹することが事故から身を守ることだ。

『「だろう」「はずだ」が事故の始まり』

大丈夫だろうと考えたら、その裏側の危ないかもしれないのほうを優先させることが大切。慎重に運転しよう。

10 「ヒヤリ」「ハッ」とも事故のうち

「ヒヤリ」「ハッ」とのニアミス体験も、のど元過ぎて忘れがちになる。だがそれは貴重な臨死体験である。

「臨死(りんし)体験」という言葉がある。死の渕に沈んでその瀬戸際まで体験してきたということだろう。現実に死は体験できないが、「地獄を見てきた」というように、生死のぎりぎりの限界を体験した人がそう話すのだから、さぞや恐ろしいことであっただろう。

大げさといわれるかもしれないが、車運転はいつも死と隣りあわせにある行動だ。人々が車で走る喜びの裏側には、いつも地獄がつきまとっているといってもよい。それが証拠に毎年約100万人の人が負傷し約１万人の人が死亡している。

表向きの統計数字はそうであるが、その裏には事故になってもおかしくないような「ヒヤリ」「ハッ」とのニアミスが数多く起きているはずだ。つまり紙一重の差で事故とならなかった事案である。これらのニアミスはたしかに事故とは呼ばない。だがその実体を見るとき、そこには事故になっても不思議でない不注意が存在している。

たとえば出合い頭のニアミスには不停止、不徐行、気配り不足などの過失があったはずであり、歩行者・自転車とのニアミスは漫然とした運転態度がかかわっていたりする。ニアミスが事故と異なるところは「超接近」という結果にとどまったことであり、幸運に恵まれただけのことだといえる。このニアミス体験こそまさに地獄の門を覗いてきた「臨死体験」ならぬ**「臨事故体験」**ということになる。

さてこの「地獄を覗(のぞ)いた」はずの貴重な体験だが、運転者はあまり関心を持とうとしない。「あー驚いた！」で終るのはまだよいほうで、下手をするとその恐怖が反動的に攻撃に変わり、相手を「へたくそ運転め」となじることで終ることになる。こうなってはせっかくの地獄を覗いた貴重な「臨事故体験」も全く教訓として生かされない。

「ヒヤリ」「ハッ」とのニアミスにもいろいろなタイプがある。

○見通しの悪い交差点で出合い頭の超接近
○右折時に直進バイクを見落として超接近
○左折時に左側のバイクを忘れて超接近
○カーブをはみ出して対向車と超接近
○坂の頂上付近で対向車に超接近
○自転車の進路変更にあわてた超接近
○無造作な発進や車線変更で超接近

○前の車の減速に気がつかないで超接近
いやいやいろいろとあるものだ。

さてさて、何度も繰り返す言葉で恐縮だが、交通事故の結果は「覆水盆(ふくすいぼん)に返らない」ことがあるから、体験して習熟して危険を学びとるものではない。

「ヒヤリ」「ハッ」とのニアミスは、幸いに死傷の結果もなくて済んだのだからまさに神の助けである。しかも地獄の入り口を覗いてきたような貴重な体験でもあるはずだ。運転者としてこの経験を生かさない手はない。ニアミスが起きたらこれを真剣に振り返って見て、

「なぜそうになってしまったのか」

「どうして気がつかなかったのか」

「当方にもうかつさがなかったか」

などと交通事故が起きたときのことを考えて反省することが重要であり、次の安全運転につながる。

『「ヒヤリ」「ハッ」とも事故のうち』

そうした謙虚な考えを持つことが生涯無事故の運転者への道だ。

第5章

危険な当事者たち

日常危険な運転を続ける人がいる。自分ではそれが至極当たり前のことだと思っている。そして他人に迷惑をかけ事故のきっかけをつくっている。
この章では、あなたのそばにいる危険な当事者に登場していただこう。いや、それは油断をしたある日の自分の姿であるかもしれないのだ。

1 新車の車椅子

若者に二輪車の魅力は絶ちがたい。だがひとつ誤ると、あれほど待ち望んだ新車が車椅子であったりする。

M君は高校３年生だ。近郊農家に育った農業後継者であり、両親にとってはかけがえのない一粒種である。

近ごろ仲間の間で二輪の自動車によるツーリングが大はやり。そしてＨ社だ、Ｙ社だ、排気量は○○ccだと互いに愛車を自慢しあっている。学校には内緒だがM君も先輩集団に誘われてときどき二輪のツーリングを楽しんでいる。

M君はかねてから念願だった高馬力の二輪車を手に入れた。反対をする両親を説き伏せ中古ではあるがお気に入りの車を手に入れたのである。いまではこの二輪車がM君の人生のすべてでもあるようだ。精かんなスタイル、そして勇壮な響きの排気音はM君の心をくすぐり、車が青春を満たしている。

[事故事例　M君の二輪車事故]

◇事故を起こしたその日は友人３人と車を連ねてのツーリングの帰り道だった。午後５時。変わりやすい天候はいつしか秋時雨（あきしぐれ）となって衣服や路面をしっとりと濡らしていた。やがて一団は左カーブのなだらかな下り坂にさしかかった。速度は約80キロ。少し無理かなと思ったが先頭に立つM君はここが腕と車の見せどころとばかり車をバンクさせてコーナーに突っ込む。

だが、その直後にいつもと違う不安定な車の動きを感じる。カウンターを当てても車は立ち直らない。このままではコントロールできないと知ったM君はあわててブレーキを踏む。だがすでにグリップ力を無くしたタイヤはM君の意思に反して外側へ外側と流れる。こうして二輪車はガードレールに激突していった。異様な金属音の響きなかにM君の身体は跳ね飛び、道路にたたきつけられていた。腰椎損傷の重傷である。

いまM君は病床にある。怪我は快方に向かっているがもう両足は使えない。これからは一生車椅子の生活になる。田畑を守り継ぐ父親の願いもかなわない身体になってしまったのである。一人息子の不幸に両親の嘆きは大きい。あのときなぜもっと強く二輪車の購入をやめさせなかったのかと悔やむ。両親はM君の看護に、農作業に、心と身体をすり減らしている。田畑の一部をやむなく手放し、息子の後遺障害生活費用に備えた。療養中のM君はなにも知らない。

症状も固定化してようやく車椅子で自由に動けるようになりM君にもすこしずつ持ち前の快活さが戻ってきた。二輪グループの仲間たちが見舞いに来た。見栄坊のM君は精いっぱいに笑顔をつくりながら、車椅子を操って見せる。車椅子がピカピカと光っていた。M君は、

「なあ、みんなよう。オレ、カッコ悪くなっちゃったよ」

と、惨めさを押し隠すように照れた口調で皆に話しかける。ざめいていた仲間達に一瞬の沈黙が流れる。と、そのとき誰かがとんきょうな声をあげて、

「でもよう。このくるま新車だろ……」

みんなはその声にちょっと笑った。だがすぐに一斉にだまりこくってしまった。快活なM君の目からは悔恨の涙がはらりとこぼれ落ちた。

高校３年生。それは肉体の成熟度からいえばもうりっぱな成人である。そして人生においてもっともエネルギッシュな年ごろでもある。ものごとに恐れずチャ

レンジ精神に富む若者の行動特権は生かされても、分別という名の心はいまだ育ちきれていない。

M君のように自己顕示欲(けんじよく)が強く見せたがり屋の性格であるときは、若さのエネルギーは勇気と蛮勇の見境いもなく発散されやすい。軽量小型の二輪車は枠にはまらない動きの自由がある反面に、安全バリヤーもないむき出しの身体はいつも危険にさらされている。少しの油断が大きな事故につながるのである。

二輪車のリスクがあまりにも大きいので、高校生に二輪車は不要という意見があった。いわゆる「三ない運動」の論争である。しかし、一方にはこうした年代からこそ車社会の一員として体験と調練が必要だと説く人もいた。なんでも禁止の事なかれに過ぎるのは誤りというわけだ。

さて、若いうちから車になじませて危険を体得させるのがよいか、分別の心が成熟するまで待たせるべきなのか、高校年代に対する思いやりが２つの方向に分かれて侃々諤々(かんかんがくがく)、まだだれも正しい答えを用意していない。

『新車の車椅子』

M君のこの悲哀を、次の若者には味わせたくないとだれもが望んでいることなのだが……。

2 駐車が人を殺す

たかが駐車というけれど、違法駐車が渋滞をつくり出し、救急を妨げ、危険な駐車が人を死に追いやる。

「駐車が人を殺す」というとまことに物騒な物言いになるが、実際に、車社会の良識に反した不用意な危険駐車が、他の車の安全な通行を妨げ、死亡事故の誘因にもなっていることを考えると、たかが駐車、追突する者が悪いとばかりはいいきれない。

[事故事例１　暗い道路の無点灯駐車]

◇終日駐停車禁止の国道の暗い場所に駐車していたトラックに、二輪車が激突して運転者が死亡した。トラック側は前方の注意を欠いた二輪車の一方的事故だと主張したが、裁判所（民事）は、「駐車灯あるいは非常点滅表示灯も点けずに道路を占領して駐車していたトラックは危険な障害物であり、走行中にも劣らない危険性があり、駐車が本件交通事故を誘発した」
として損害賠償6,000万円を命じる判決をした。

[事故事例２　狭い道路の違法駐車]

◇夕やみ迫る通行量の多い狭い道路に駐車していた保冷車に、高校生の自転車が衝突し、高校生が顔面、頭部を強く打って死亡した。責任無しを主張する保冷車側に対して自転車の両親が、違法駐車の危険性を主張して争いを起こした。裁判所はこれを認め、道路の半分以上を占領し後部ランプもつけていなかった保冷車にも責任があるとして、損害賠償3,000万円を命じた。

[事故事例３　カーブの先のラーメン駐車]

◇午後10時。ラーメン店に寄るためにカーブの先の道路に駐車していたダンプカーに乗用車が激突した。乗用車はダンプカーの下に潜り込むように突っ込んで車両は大破し、同乗の３人が即死した。この事故について警察は、乗用車側の不注意もあるが、駐車したダンプにも、こうした事故が起きることは予見できたはずとして、刑事責任を求めて送検した。

このほかにも深夜の県道に灯火もつけずに放置駐車していたダンプカーに追突したバイクの死亡事故について、駐車車両に責任があるとして業務上過失致死罪を適用し罰金刑を課した事例もある。

駐車と衝突事故に関するこれまでの一般的な責任論は、おもにぶつかる側の不注意をとらえ、駐車側の責任は道路交通法の違反の域を出なかった。しかし、前掲の裁判所の判断にもみられるように、駐車もまた状況によっては放置された危険な障害物であり、事故の結果について責任を負うことが強調されてきた。危険な駐車がしばしば人の命を奪う結果になっているからである。

駐車についての意見はいろいろとある。ある商店街の店主は「駐車ができなければ車の利便性はない。飛び立った飛行機が着陸する飛行場がないようなものだ。駐車、駐車と目くじらを立てることには問題がある」という。また別の人は「不法駐車は渋滞を招き、交通事故を誘発させ救急活動をも阻害する社会悪だ」と主張する。こうした問題を抱えて行政当局も真剣である。警察も専門の「駐車対策課」を設けたり、パーキングエリアを特設したり、取締りを強化するなど解決に腐心している。今日の交通事情は、たかが駐車ではすまなくなってきているのである。

駐車車両に衝突して起きた死亡事故をみると、平成９年に120件、平成10年に131件、平成11年に124件と一般の予想を超えて多発している（交通白書）。事故原因は追突側の速度の出し過ぎや前方不注意もあるが、しかし予測できないような場所や時間帯に、たとえば闇の中に突然現れるような非常識な駐車であっては、いつだれが衝突してもおかしくない危険性がある。今日の車社会の実情を考えれば、こうした危険な駐車は単なるルール違反、マナーの悪さというだけではなくなってきた。他人に対する危険を全く考えない意識的な無責任態度が責められることになる。

もともと道路は車のアクセスを考えて「駐車帯」が設けられているのが基本である。しかし日本の道路事情ではこうした道路は極めて少ない。それだからといって、事故が起きるかもしれないという危険が充分予測できるのに、あえて駐車をしてはばからない身勝手まで認めることはできない。違法な駐車が人命を死なせる要因になっているとすると、もはやたかが「駐車違反」ではなくなる。

『駐車が人を殺す』

危険な駐車は、いまや社会的責任を欠く運転者の身勝手な行為として厳しく戒められる時代になってきた。

3 真夜中のトラ

真夜中にトラが出る。トラは暗い夜道を徘徊し、路上に寝そべり、運転者を恐怖に陥れる。

真夜中に虎が出る、といってもこのトラは動物のタイガーではなく、酒にとろけた人間の酔虎である。忘年会など師走の時季になるとよく路上に現れる。最近では真夏の夜にも現れるという。

[事故事例１　酒酔い寝込みの歩行者を轢く]

◇Ｊさんはその夜の事故の模様を警察で次のように話していた。

「速度は70キロぐらいです。ライトは下向き。現場の50メートルぐらい手前のとき、路上になにか黒っぽいものがあるなとわかりました。段ボールかごみだろうと思いそのまま進みました。近寄るとそれが道路にうずくまっている人だとわかりましたが、そのときにはもう避けようもなく、大声をあげながら路上にうずくまる泥酔者を轢（ひ）いてしまったのです」と。

[事故事例２　酒酔いふらつきの横断者をはねる]

◇夜間、前の車との車間距離を詰めて走行していたＫさんは、前の車が急に進路を変えたので一瞬どうしたのかなと思った。だがその直後、目の前をふらつきながら横断する歩行者の姿を発見した。急ブレーキをかけたが間に合わない。被害者をボンネットにはね上げ路上にたたきつけるようにして死亡させた。

被害者は千鳥足の泥酔者であった。前の車はこれを避けようと急な進路変更をしたのである。

まさかと思うような事例だが、しかしよくある事故でもある。夜間に路上で寝そべり、あるいはふらつき徘徊する泥酔者が車に轢かれて死亡する事故は年間255件も起きている（交通白書平成７年版）。その年の夜間における歩行者の死亡事故件数は1,985件であり、その内訳は、直前直後の横断事故が466件（24.5%）、横断歩道外横断事故が267件（13%）となっている。そしてそのつぎに多いのがこの寝そべり徘徊の泥酔者事故255件（12.8%）なのである。

暗い路上に寝そべり、あるいはふらついているトラは避けようがないではないか、運転者にそこまで責任を問うのは酷（こく）であるという言い分もあると思う。だが次の判例を読んでいただきたい。

[判例　泥酔者の道路寝込み事故でも運転者に責任がある]

◇「およそ前照灯を下向きにしたときは、前照灯の照射能力の範囲を考えて、障害物を見つけても直ちに急ブレーキをかければ衝突を避けることができる速度で走行すべきである。たしかに被害者には道路で寝込んでいたという重大な過失がある。しかしその寝姿を障害物として目撃できる以上、その轢断を避けるためには、発見直後に安全に車が停止ができる速度を選んで走ることが運転者の安全運転義務である。（要点解説）」

つまり、速度を出し過ぎていて停止が間に合わなかった、まさかと思っていたので発見が遅れた、黒いからごみかと思っていた、などの言い訳は認められないということだ。不可抗力のような特別の事情でもないかぎり、運転者には危険を発見し事故を避ける基本責任があるからだ。そのためには状況に応じて速度をコントロールして走ることが必要だと裁判所は指摘している。

そういえば寝込みの被害者を前車に続いて後車もまた轢くというむごい二重轢断の事故もおきていた。

夜の運転はとかく速度が出やすい。とくに深夜ともなると、自動車の交通も、自転車・歩行者の通行も少なく、寝静まった街は静寂で危険を感じさせない。そこでついつい油断をして速度を速めることになると、思わぬ事態に遭遇することになる。減光下向きのライトでは40メートル先は闇だと考えなければならないし、上向きのライトでも100メートル先の危険は見つけにくいのが車のライトの照射能力である。

寝そべり、ふらつきの泥酔者に限らず、黒い服装の歩行者や、反射テープもない自転車などをかなり接近してからようやく発見したという経験をお持ちの方が多いはずだ。過度の速度では停止が間に合わない。

『真夜中のトラ』

速度を速めたからといってライトの照射距離は伸びない。夜間の速度の出しすぎはタブーだと考えておきたい。

4 70の思案橋、80の崖(がけ)っぷち

運転も、70歳の声をきいたら思案橋、80歳になったら崖っぷちに立ったと思え。

病床にある老人からお手紙をいただいた。

「いま入院中だが、病気のことよりも心配なのは免許証の有効期間が切れることだ。若い頃から持ち続けた運転免許証だから、何とか更新できるよう助力して欲しい」

とあった。年齢79歳、運転歴50年、いま肝臓障害で病床にある。ハイヤー運転士、養蜂業、不動産事業を通じてこの人の今日の成功はまさに運転免許証あってのものであった。だからこそ運転免許を失うことは人生の栄光と支えを失うようにつらいのである。

もちろん免許の更新は本人の出頭が条件だから代理手続きをするわけにはいかない。期限が切れても病気回復後に更新手続ができるから心配しないで療養に専念して下さいと返事を書いた。老人はその後３カ月ほどして他界された。運転免許とはそれほどまでに離れがたいものなのである。

ところで高齢になったあなたは、近ごろつぎのような運転経験をすることがないだろうか。

○接近してからはっと自転車に気がついた。

○信号が青になり後ろからクラクションを鳴らされて気がついた。

○通過したあとで一時停止の交差点だと気がついた。

○赤信号なのに交差点に入っていた。

○優先道路のことを忘れていた。

○夜と雨の日の運転が苦痛になった。

などなどである。もし、こうした経験をたびたびするようであったら、加齢による心身機能の衰えが顕著になってきたと自覚しなければなるまい。

[事故事例１　運転中に心筋梗塞]

◇Ａさん（70歳）は、まっすぐな道路を左端の街路樹に激突して死亡した。きまじめな熟練運転者だったから運転操作の誤りだとは誰もが思わない。事由は心筋梗塞であった。狭心症発作の病歴があり、医者からは運転は労作性の高いものだから控えるようにと警告されていたという。目撃者が車の異変に気づいたとき、Ａさんの車は左へと流れては戻り「危ないなあ！」と思ったという。そのときすでにフロントガラスにＡさんの姿は見えなかった。

[事故事例２　通院の妻を乗せて死なす]

◇Ｂさん（79歳）は旅行で不在の息子に代わってしばらくぶりにハンドルを握

った。通院治療している妻を病院に送るためである。さしかかった裏通りの交差点で突然けたたましいクラクションの音を聞く。その直後Bさんの車は他の車に激しく衝突されていた。Bさんが一時停止の交差点を停まらなかったのが原因だが、本人はなぜ事故になったのかわからない。この事故で助手席の妻が身体を強く打って死亡した。

[事故事例3　事故を苦にして自殺]

◇Cさん（77歳）は3人死傷の事故を起こした。以前にも交通事故を起こして現在運転免許停止中である。Cさんは再び起こした交通事故に狼狽（ろうばい）し現場から逃げるように立ち去ってしまっていた。轢き逃げ死亡事故である。そしてその夜Cさんは縊死（えいし）した。遺書には「また交通事故を起こしてしまった。死ぬよ……」と。重ねて起こした事故を息子に詫びる言葉であった。

高齢ドライバーは、だれもが大なり小なりに健康状態には悩みを持っている。高齢運転者338人の調査で、うち131人（38.7％）が次のような持病を抱え悩んでいた。

1	高血圧	49人	14.5％
2	低血圧	29人	8.6％
3	糖尿病	23人	6.8％
4	心臓病	17人	5.0％
5	白内障	13人	3.8％

ともあれ車は、高齢者にとっては手足にも代わる生活の道具でもある。自転車に乗れなくても自動車運転なら大丈夫だという人もいる。「まだまだ若いものには負けない」、「運転には年季が入っている」などと「年寄りの力自慢」もわからないではないが、しかし加齢とともに確実に心肺機能は衰え、反射神経は低下し、気配りがままならなくなるのは自然の理だ。むしろ日ごろの安全な運転は他人の善意に守られていたのかもしれない。それを忘れて腕自慢をしてしまうところに年寄りの間違いがある。

長寿は天の与えた勲章である。しかし運転の安全を保証するあかしにはならない。ドクターストップ（健康）のまえに、レフリーストップ（免許停止）のまえに、運転者としての社会的責任を自覚し、運転の場からの撤退を決意することも、讃（たた）えらるべきベテランの勇気である。

『70の思案橋、80の崖っぷち』

石を持ち上げてわざわざ自分の足に落とすことはない。

5 あせりの抜け道、油断の慣れ道

ネコに追われてあわてたネズミも道に迷うという。運転もあせりの抜け道や油断の慣れ道で事故を起す。

「慌てたネズミが道に迷う」のことわざがある。抜け道の専門家といわれるネズミもネコに追われて逃げ惑うときは平常心を失って道に迷うというのだ。渋滞にあせって衝動的に裏道に飛び込んだ抜け道選びも、平常心を欠いて悪い結果をつくりやすい。

[事故事例１　あせりの抜け道事故]

◇先を急ぐＱさんは幹線道路の渋滞に出会っていらだっていた。いつまでも続く渋滞にぶつぶつと不平が出るうちはよかったが、やがて怒りにも似た感情になる。そのとき渋滞列にいた何台かの車が小道を曲がっている。知らぬ街だけれどもきっと渋滞を避ける抜け道に違いないとＱさんも続いて衝動的にその道に飛び込んだ。のろのろ運転よりもいくらか早いだろうと期待する。だが、そこは駅へ通じる裏通りだった。買い物通りでもあり、道も狭く、自転車・歩行者の通行も多い。期待に反した道で思うように先に進めず今となっては、くやしさ半分後悔半分である。しかし戻るにも戻れない。こうして平常心を欠いたＱさんは時間を取り戻そうとますますあせるばかりである。

と、そのとき、前を行く自転車が電柱を避けて急に右に寄って出た。不意をつかれたＱさんはあわてて対処したが間に合わなかった。買い物の主婦の自転車に追突し人身事故を起こした。状況に相応しくない速度とあせり心が予期せぬ事態を起こしたのである。

渋滞に出会うと運転者は抜け道・裏道を選びたくなるものだ。知らない街でもえいやっとばかり運を天に任せて入り込むこともある。

抜け道選びが悪いということではないが、抜け道を選ぶときの運転者の心の乱れが気になる。「せいてはことを仕損じる」ということわざがあるように、あせる心が判断を誤らせ思わぬ失敗をする。よくある事故だ。

次に「油断の慣れ道」の事故。

人が「慣れる」ということはスポーツ、技芸ごとでは習熟につながることを意味する。だが、こと危機管理分野になると易きに流れて問題意識を欠くこになる。慣れが思い込みをつくり状況判断を誤る。

[事故事例2　油断の慣れ道事故]

◇食堂経営のRさんはいつも深夜の帰宅である。毎日同じような時間に同じ道を走って帰宅する。深夜の交差点では通り合わせる車もない。これまで何度も通っているが、この時間に通行する車などに出会ったことはない。だから見通しの利かない一時停止の標識がある交差点だが、Rさんはいつでも止まることをしなかった。その夜もいつものように時速約70キロで交差点に進入した。が、そのときである。交差点の中ほどに酒に酔った黒い服の歩行者がふらふらと横断しているのを発見する。全く予測をしなかったこの事態にRさんはいたずらに狼狽しなすすべもなく歩行者をはね飛ばした。歩行者は全身打撲で死亡した。

車運転に昨日と同じ無事はない。昨日の無事が今日の安全というわけにはいかないのである。あせりごころで無理をしたり、過去の安全慣れが先にたって気配りを欠くことになると上記のような事故が起きる。

『あせりの抜け道、油断の慣れ道』

よくある事故のパターンである。

6 危険なライトコミュニケーション

運転中の他車とのコミュニケーションは難しい。そこで灯火や警音器を利用するが思わぬ誤解も生まれる。

車は密室に近い箱ものだから走行中の運転者相互のコミュニケーションは難しい。なにしろ声は届かないし電話で話すこともできない。定められたコミュニケーション手段としては方向指示器、後退灯、制動灯、駐車灯、非常点滅表示灯などがあるが、自由な会話になると運転者には手段がない。いわば「無言の紳士・淑女」達である。

しかしいかに「無言の紳士・淑女」であってもそこは人間同士が運転しあっていることだから、ときには自分の意志を相手方に自由に伝えたくなることもある。たとえば「ありがとう」とか「お先にどうぞ」とか「追い越しを始めるよ」などの挨拶やお知らせの会話もしたくなる。

このコミュニケーション手段として実際の運転の場でよく使われるのが、手による合図のほかに警音器、前照灯、非常点滅表示灯の利用である。しかしたいがいの場合その意志の伝達は一方通行であって、考えた通りに伝わらなかったり、それどころか思わぬ誤解を生んだりもする。

利用の実例を調べてみると、

1　非常点滅表示灯による合図（フラッシャー）

○「ありがとう（後ろの車に対して）」

○「臨時に駐車しています」

○「先が渋滞しているよ（高速道路）」

2　前照灯点滅による合図（パッシング）

○「譲ってくれてありがとう」

○「お先にどうぞ」

○「追い越しをするよ」
○「ライトの消し忘れ（対向車に）」
○「半ドアーになってる（対向車に）」
○「交差点に入るよ（夜間ハイビームで）」
◈「取締りをしているぞ（対向車に）」
◈「早く走れ（追い上げ）」
◈「道を開けろ（追い上げ）」

3　警音器利用による合図（ヘッドホーン）
○「譲ってくれてありがとう」
○「お先にどうぞ」
○「ライトの消し忘れ（対向車に）」
○「半ドアーになってる（対向車に）」
○「信号が青になったぞ（前の車に）」
◈「早く動け・速く走れ（追い上げ）」
◈「進路を開けろ（追い上げ）」
などなどと自由で多彩である。このほか手による合図も加わる。

これらの合図はもちろん道路交通法にきまりがあって行なうものでない。したがって合図をするほうも受け取り方もまちまちになる。「譲ってくれてありがとう」と「お先にどうぞ」が間違うと大変なことになる。それにハザードランプ、パッシングライト、ヘッドホーンの合図は、どちらかといえば非常・緊急のときに使う性質のものだから、受け取り側はとかく刺激的に受け止めやすい。上記の使用例で○印の意味が◈印に解釈されることがある。問題はそうした「誤解」があったときに思わぬ危険やトラブルを招くことだ。親切があだになることがある。お知らせのつもりが強制、強迫に受け止められたりする。

[事故事例1　パッシング殺人事件]

◇対向車がハザードランプを消し忘れていたので知らせようとパッシングをして指さしたところ、軽べつされたと勘違いした対向車がUターンをして追いかけてきた。口論の末けんかざたとなり、激高したUターンの運転者が手にしていたこうもり傘を相手に突き刺し殺人事件に発展した。

[事故事例2　クラクション傷害事件]

◇信号が青になっても発進しない前の車にクラクションを鳴らして信号変わりを知らせる合図をしたところ、前の車から降りてきた男と争いになった。そのあげくいきなり拳銃を発射されクラクションを鳴らした運転者が重傷を負った。

灯火や警音器が定められた用法と範囲によって使用されているときは問題はないが、こうした自由表現の意思伝達に使用するときはよほど留意しないと誤解が生じトラブルを招くことがある。この灯火などによる代用コミュニケーションのすべてが悪いとはいえないが、しかし乱用は戒(いまし)めたい。どうしても光や音で意志を伝えたいときは、

○悪意ある意思伝達には用いないこと。

○善意であっても意思が正しく受け止められるかどうか考えること。

などの心配りが必要ではないだろうか。

『危険なライトコミュニケーション』

に注意である。

7 交通事故は癖のかたまり

馬に馬癖、人に人癖、そして運転は慣れるほどに省き癖が身につきやすい。その悪い癖が事故を起こす。

脳の神経細胞は150億とも200億ともいわれる。そのニューロン細胞が受け渡しをする情報にも、すぐに捨てられてしまう短期記憶と、いつまでも忘れない長期記憶があるという。長期記憶には「良い習慣」と呼ばれる善玉もあれば、「悪い癖」といわれる悪玉もある。どちらかといえば「悪い癖」のほうが身に付きやす

いようだ。

孔子の言葉に、「長年にわたって身についた習慣（癖）は、生まれながらの性質と同じになる。」とあった。「習い性となる」ということか。

車運転も慣れてくると省略型の悪い癖が身に付きやすい。それが形状記憶合金のように体になじんで離れなくなると、失敗するまで繰り返すことになる。しかも悪い癖だと思わなくなるところが怖い。

運転における悪い癖をあらためて並べてみると次のようなものがある。さて、あなたもこうした悪い癖が身についていないかどうか確かめてみるのも安全運転の知恵である。

◎走りながらの癖

○運転中ちらりちらりと脇見をする癖
○前の車が遅いとクラクションを鳴らす癖
○追い越されるとすぐ追い越し返す癖
○ついつい車間距離を詰めてしまう癖
○運転中に携帯電話をかける癖
○運転中におしゃべりが過ぎる癖
○くわえたばこで片手運転をする癖

◎交差点での癖

○ミラーを見ないで方向指示器を出す癖
○曲る直前になってウインカーを出す癖
○ショートカットで右折する癖
○左によらないで左折する癖
○一時停止線をはみだして止まる癖
○信号の変わり目で急加速をする癖

◎発進、停止、駐車時の癖

○発進時に後方を確認しない癖
○うしろの確認をせずドアーを開ける癖
○すぐに急ブレーキをかける癖

○サイドブレーキをかけない癖
○他人の迷惑を考えずに平然と駐車する癖

◎その他

○車線を頻繁に変えたがる癖
○走りながら煙草に火を点ける癖
○ミラーを見ないで進路変更する癖
○遅い車があると追い越したくなる癖
○子供、老人を見てすぐにクラクションを鳴らす癖

運転に慣れてくると、いつしかこうした手抜きの行動を選んでしまいがちになるものだ。それも癖となって行なっていることに疑問を感じない。といってもその行動をとったからすべてが事故になるというものではない。その時の環境・条件あるいは相手の善意にに助けられて幸いに無事に終ることも多い。

だが運転条件はいつもすべて同じではないから、いつもそのような安全が保証される期待はない。日ごろの無事慣れの悪い癖が繰り返されると次第に増幅して、あるとき、追突事故、進行妨害事故、右直事故、左折巻き込み事故、脇見事故、一時不停止事故、信号無視事故、出合い頭事故、追い越し事故、後退時事故、漫然運転事故、あせり事故、発見遅れ事故などが起きることになる。交通事故は癖のかたまりが起こしているといってもよいだろう。

つけるなら善玉の「よい習慣」を身に付けたい。踏切にさしかかると無意識にブレーキに足がかかる。子供や自転車がいると無意識に減速していたなどなど、安全行動が習慣になっていると。かりに意識が低いときであっても体が覚えているから自然に危険回避の適切な行動をとる。

事故を起こそうと意識している運転者はまずいないはずだ。それでも事故が起きるその正体は、多くの場合、身について離れなくなった「悪い癖」である。

『交通事故は癖のかたまり』

爪を噛む癖、夜中に電話をかける癖などはまあご愛嬌でも済ませるが、車運転の「悪い癖」は、ときに大事を引き起こして命取りになる。悪い癖がつくと良い習慣は逃げてしまうのである。

8 黄色当然、赤勝負

ちかごろ巷に流行る言葉に「黄色当然、赤勝負」がある。黄色信号で突っ走るのはあたりまえということか。

「黄色当然、赤勝負」。この黄色とか赤色とかはもちろん信号機の表示色のことである。つまり、黄色の信号で交差点に進入するのはしごくあたりまえのことであり、赤色でも全赤信号の全車停止時期を逃がさずに交差点を突破するのが腕の見せ所（勝負）だという意味らしい。

そういわれてあらためて交差点の信号順守状況を観察した。なるほどルールどおりに黄色信号で止まる車は少なかった。止まるどころか赤に変わり目の黄色でも、一段と加速して交差点に飛び込む車も少なくなかった。

いうまでもないことだが、黄色信号の意味は「進行してはならない」である。ただし危険を避けるために、信号が黄色に変わったときに「安全に停止することができない場合」は例外として進行を認めている。だからといって速度も緩めず高速で交差点に接近し、安全に止まれなかったは理由にならない。

興味深いアンケート調査があった。黄色信号を見て基本のとおりに停車すると答えた人の率は、東京地域で20％、名古屋地域で26％、大阪地域で34％、平均で24.7％となっていた。さらにこの調査で注目するのは、回答者の約7割の運転者は、黄色は「交差点に進入してよい」合図だと実務的解釈をしていることだった。もっともこの調査は少し古く、また対象者が運転免許の行政処分（免許の停止）を受けた人達の回答だから、その意味では多少の修正が必要であるかもしれない。それにしても、道路交通法が改正されたわけでもないのに、黄色信号の意味が、実勢的に「急いで交差点を渡れ」になってしまったのはなぜだろうか。信号機のある交差点の事故多発が気掛かりである。

黄色の信号表示の役割は、青色から赤色へと交通の流れを替えるために、交差点をクリアーにするなか継ぎ役のクリアランス信号と呼ばれるものだ。道路幅の広い交差点などでは黄色時間も長くなる。となるとこの時間の長さを逆用して「黄色当然」いまなら間に合うとばかり進行を急ぐ車もある。みんながやるからおれもやる人もいる（別項「ジレンマゾーンの加速」参照）。

[事故事例１　黄色信号がらみの右直事故]

◇夕暮れどき、黄色信号で交差点に飛び込んだ右折車と直進車が激突した。両車とも対面する信号は黄色である。しかも信号はやがて赤色に変わる寸前である。赤信号になる前にと、互いに相手を無視して右折、直進を急いのが原因である。黄色信号は進むのが当然という悪しき慣行がこの事故を起こしたともいえる。

黄色信号が運転者に対してあせりを誘う気配があることを心配した信号機は、次に四方向を赤にする全赤信号を採用することにした。これなら確実にクリアランスが図れると考えたわけだ。ところが一部の運転者がこの全方向停止を悪用して「赤勝負」に出た。

[事故事例２　全赤信号で出合頭事故]

◇全赤信号で軽自動車と貨物車が交差点内で出合い頭衝突をした。軽自動車の運転者は車内で圧死し、貨物車の運転者も重傷を負った。目撃者によると、事故時の交差点の信号は全赤であったという。警察では、赤色になったのに強引に飛び込んだ軽自動車と、信号替わりを待ちきれずにしびれを切らした貨物車が見切り発車をしたことによる衝突とみて調べている。「赤勝負」が引き起こした事故である。

今日、信号機の数は、全国で約15万7,000基余といわれている。それでもまだまだ不足であり設置の要望、陳情、請願などは数多い。しかしその安全を図るために設置した信号機のある交差点で、毎年500件余のまさかと思うような死亡事故が発生しているのだからなんとも理屈にあわない。

『黄色当然、赤勝負』

事故の元凶は「黄色当然、赤勝負」にあるといっては思いすぎか。

9 しばたき・モジモジは居眠りの始まり

睡魔が心地よくすり寄ってくる。この疫病神と戦ってもまず勝目はない。三十六計いかに逃げ出すかが鍵。

運転中に目がしばたき、身体をモジモジとさせるようになったら、睡魔の死神が隣りに座ったと思ってよい。

「バリバリという大きな音で気がついたら、目の前にブロック塀が迫っていました……」といって目が覚めたのでは手遅れだ。睡魔に襲われて破れた一瞬である。

眠気の正体を単純に分けると疲労型と単調型がある。

疲労型とは、疲れによって脳の酸素（活動エネルギー）が不足して中枢神経への負担が加重になったとき、休息を要求してエネルギーを回復したいとする生理現象だといわれる。だから居眠り運転は道路交通法では「過労運転」と呼ばれる。

単調型とは、刺激がなくて脳の酸素消費量が少ない状態が続くと、脳の働きが不活発になって意識が低下する現象といわれる。たとえば単純な作業の反復、温暖で平穏な環境の継続、興味のないことの連続などで起きる居眠りだ。高速道路で長時間運転をしていると、刺激のない単調な走りのなかで車の振動が子守歌になって、いわゆる低覚醒運転状態になったりする。また、満腹になった食事の後、アルコールの影響などでも眠くなるはよくご存知のことだ。

ところで人は24時間サイクルの生活リズムをもっている。昼間の疲れは夜間の睡眠によりいやし、また目覚めている日中でも、脳活動は２時間くらいで休息を求めるリズムがあるという。これ超えると脳活動は不活発になる。長い時間、講義や演説を聞いていると生理的に眠くなるわけだ。

居眠りの徴候は、目をしばたく、モジモジと身体を動かす、姿勢を崩す、応答反応が弱い、握力が低下する、姿勢が硬直し一点を凝視するなどがある。いわゆる半睡状態であり、このとき右に左に車が蛇行したりするようだとまさに非常事態である。

居眠りの序曲は優しく人を包む。だから運転者には恐怖感がない。ここがくせ者。ズルズルと睡魔の術中に落ちる。幸い事故にもあわず無事帰宅したといっても、いま通って来た道の覚えがなかったり、交差点で信号停止をしたどうか定かでなく、果てはいつ自宅の車庫に入れたのか記憶がなかったという恐怖の体験をする人もいるだろう。

ともあれ居眠りの正体は、脳内酸素の欠乏あるいは不活性が作り出しているとなると、この居眠りと戦ってもまずは勝ち目がない。ラジオをかけたり、ガムをかんだりして逃げようとしても、結局は程よく付き合って意識低下が進んでしまう。隣りに死神が座って、にこっと笑って誘いかけている。

対策といえばその結論は極めて常識的だが「三十六計逃げるにしかず（逃げるが勝ち）」である。疫病神にたたられぬうちに休息または休憩をすることしかない。

『しばたき、モジモジは居眠りの始まり』

賢者は休息する時期とその決断を誤らない。

⑩ あせりのクラクション、おどしのエゴラッパ

「運転はあなたが示すお人柄」といわれるように、鳴らしたクラクションに運転者の心の乱れが現れる。

車の鳴らすクラクションの喧騒度合でその国の車社会の成熟度が測れるという。そういえば車後進国の交差点はクラクション洪水でまことにやかましい。かつては我が国の交差点でも同じようなクラクション洪水の時代があった。交差点に騒音計を設置したり、騒音公害条例をつくったり、道路交通法を改正して警音器吹鳴のルールづくりをして、今日のような大人の車社会になった。いまでは必要なとき以外にむやみにクラクションを鳴らす人は少ない。

おさらいするようなことで恐縮だが、道路交通法に定めるクラクションのルールは、道路標識で「鳴らせ」と指定された場所・区間のときと、危険を防止するためやむをえないときだけである。

だがなかには、せっかち、エゴ、尊大など、知性と理性を欠いて個性をむきだしにむやみにクラクションを鳴らしたがる運転者がいる。そのタイプも「あせり型」と「脅し型」があるようだ。ひとくちに「あせりのクラクション」「おどしのエゴラッパ」といわれる。

◎「あせりのクラクション」

◆横断歩道があるとクラクションを鳴らしっぱなしで通る。

◆自転車を追い抜くのに必要以上にクラクション鳴らす。

◆右・左折を急いで横断中の歩行者が邪魔(じゃま)だとばかりクラクションを鳴らす。

◆黄色信号で躊躇(ちゅうちょ)している車に進行を促すクラクションを鳴らす。

つまりは減速、徐行、停止をする替りにクラクションを鳴らして自己主張と急ぎの目的を達しようというのである。せっかちの人、気短かな人、運転にゆとりがない人の先急ぎのクラクションである。クラクションもさることながら、そのあ

せり心のゆとりのない運転態度が、やがて交通事故を起こすことになるのが怖い。

◎「おどしのエゴラッパ」

◆のろのろ走っている車を追い上げて催促ラッパを鳴らす。

◆追越しに道を譲れと威嚇のラッパを鳴らす。

◆集団で歩く歩行者のよけ方が遅いと傲慢ラッパを鳴らす。

これらは身勝手、わがまま、見せたがり屋、おどし屋、弱者無視、威張りやの攻撃的なエゴラッパである。まさに運転はあなたの示すお人柄、クラクションの音色にその心がむき出しになっている。

「警音器」というくらいだからクラクションの音色は心理的に人の心を刺激する。ときには強迫する響きを持つ。そして自らもまたあせり心が鳴らしたその音に危険が見えなくなってしまうのである。クラクションの乱用は、平穏な交通関係に必要以上な緊張関係を生み出し、また感情的な誤解を生じさせてアクシデントをつくり出したりする。

車社会の安全と平穏は、クラクションを鳴らすことよりも前に、事態に対処した減速、徐行、停止で安全を確保することでなければならない。身勝手や威嚇がまかり通る車社会であってはならない。冷静な状況判断のもとに、リスクを負担して、安全のために忍耐も持ち合わなければならないのである。

みだりに鳴らすクラクションは、一人よがりの身勝手さを示す運転の音色である。必要のとき以外は鳴らさない。安全はラッパではなく謙虚な行動でつくるものである。

『あせりのクラクション、おどしのエゴラッパ』

それは自己抑制と他人を思いやることができない危険な運転者の姿でもある。

第6章

安全の確認と操作

車運転にはコントロールタワーもなければ誘導する管制指示もない。個々の運転者の順法心とマナーに期待する。
この章では、安全の確認と操作について大切な事柄をいくつかの事例とともにお伝えする。

1 昼あんどんの事故（自己）防衛

大石蔵之助は「昼あんどん」と呼ばれて身を守り本懐をとげた。二輪車も「昼あんどん」で身の安全を図る。

昼間に灯りをつけても役に立たない。役に立たないから「昼あんどん」という。
元禄15年12月。「昼あんどん」と呼ばれた大石蔵之助が艱難辛苦（かんなんしんく）のすえに見事敵を欺（あざむ）き主君の仇を討って本懐を遂げた。昼あんどんの効果だともいわれている。
さて車のヘッドライトはトンネルを除き夜間に点灯するためにある。ひとむかし前は昼間からライトを点けて走ろうものなら、「ライトが点いてますよー」と消し忘れを注意されて恥ずかしい思いをしたものだ。だが今日では二輪車の多くが昼間から点灯して走っている。いまではこれを見ても誰も笑わない。

二輪車事故防止の重要な課題に二輪車の視認性の問題がある。四輪車側から見ると二輪車は、形が小さい、そして道路の端を走るから、ついつい目の中に入ってしまい、無視するつもりはなくても運転者の視覚から外れがちになる。また人の心理特性は小さいものは遠くにあると思い込み、その動きは遅いはずと過った判断をしやすいものなのだ。加えて四輪車側には二輪車に対して優越意識が多少あることもいなめない。

それらのことから四輪車は、二輪車に対して次のような行動をとりやすいことになる。

○右折時に、左方向からの直進の二輪車を見てもまだ遠くにいると思い込む。

○左折のときに、左側を並んで走る二輪車がいても、小さい相手が道を譲るはずと考える。

○見通しの悪い交差点などでは、道路の端を走る二輪車は発見しにくい。

対して二輪車のほうは、自分の存在は常に四輪車側に充分認識されていると思っている。

こうした危険に対処して、二輪車側も車体色をカラフルにしたり、目立ちやすい色彩の服装で存在を主張し防衛策を講じる。そういえば警察の白バイ乗務員の服装も目立ちやすい強調色を採用している。遠くからもよくわかってよい。

最近では多くの二輪車が昼間でもライトを点けて走るようになった。たとえ「昼あんどん」と呼ばれようとも、身を守るためには自己の存在を主張することが重要だからだ。だがこの二輪車の昼間点灯は道路交通法で義務づけられたものではない。いわば二輪車の自己（事故）防衛のための知恵である。幸い四輪車側も認知しやすいと歓迎しているし、また、昼間からライトをつけてまぶしいとかの苦情はない。

この二輪車の昼間点灯の発想はじつはかなりむかしからあった。昭和54年（1979年）頃にはすでに熊本県を中心に先駆的な指導と実践が行なわれていた。二輪車事故の異常なまでの発生に頭を悩ました当局が、昼間点灯をすすめたのである。これにならって、一時は全国の20数府

県が二輪車の昼間点灯指導をはじめたが、なにしろ法定事項ではないことと、また当時のバイクにはバッテリーあがりの問題もあり、さらに面倒くささと気恥ずかしさもあって、「昼あんどん」は期待ほどの効果を上げなかったという。やがて次第に下火になった。

今日では再び二輪車の昼間点灯が脚光を浴び始めている。運輸技術審議会が、「二輪車はエンジン作動時に自動的に前照灯が点灯する構造とし、二輪車の視認性を高めることが望ましい」と答申しているくらいである。なかには二輪車の昼間点灯をシートベルトのように法律で義務化してはどうかという意見もあるくらいだ。

こうして効果が期待できる二輪車の昼間点灯だが、これを法律で義務化するにはまだまだクリアしなければならない問題があるようだ。バッテリーの性能やメカ的な問題についてはすでに解決しているものの、点灯を法的に義務づけた場合に、不点灯の義務違反と事故発生との責任関係を問うことになると複雑な議論になる。いまだに法制化には至っていない。

現段階での二輪車の昼間点灯は、あくまで任意で自主的な「昼あんどん」であるが、二輪車の運転者が身を守る手段として、実務的には有効に実行されている。いまや民間ルールとして定着し、交通事故防止に大いに役立っているのである。

大石蔵之助は本願成就のために「昼あんどん」を決め込んだ。二輪車もまた、

『昼あんどんで事故（自己）防衛』

をはかる。

2 「わだちぼれ」によろめく

惚れてよろめくのは男女のなか。こちらは好きで掘れたわけではないが、道路の「わだちぼれ」もよろめくと危険。

「わだちぼれ（轍（わだち）掘れ）」とは道路に残された車輪によるくぼみである。この「わだちぼれ」を、道路のえくぼなどと気軽に考えていると思わぬ災難に遭う。

交通量が多いアスファルト道路では、わだちの掘れた跡が溝のように掘り下げられて延々と帯状に続く。大型車両の通行が多い道路では「わだちぼれ」の深さも３ミリ以上になるという。
「わだちぼれ」の両側には段差ができる。輪距（トレッド）の合わない車はこの山にハンドルを取られてよろめく。また、「わだちぼれ」に溜まった雨水を車が押しつぶすと強烈な水しぶきになって周りに飛び散る。これがエンジンルームなどを直撃すると、古い型の車ではこの水圧が気化器やディストルビューターを故障させたりする。そのパワーの強さから「ウォーターハンマー」の異名がついているくらいだ。「ウォーターハンマー」がブレーキ系統に襲いかかると制動効果を弱めたり、ハイドロ・ブレーニング現象の引き金にもなる。なにかと悪さをするこの「わだちぼれ」けっして甘く見てはいけない。

大型車が作り出す「わだちぼれ」は輪距が広いので小型車はなんとも走りにくい。タイヤの一方をはずすと他方がはまり、双方がはまらないようにすればよろめく。よろめきにあわてて急ブレーキをかけようものなら車は横滑りを起こす。そのときの運転者は頭が真っ白になるような恐怖を感じる。
掘（惚）れたのだからよろめきやすいのも無理はないが、ベテランの運転者になるとこのことをよく承知しているから、ハンドルをなだめなだめ小刻みに動かして対応し、万一のことがないように慎重に走る。

また「ウォーターハンマー」がつくる水しぶきの強烈さも予想を越えるものがある。大雨のときなどは高波のように厚い水幕が、隣を走る車に襲いかかるのだ。その恐ろしさは筆舌に尽くしがたいほどである。

[事故事例　跳ね水で前が見えず事故]

◇豪雨の中央自動車道で追越し車線走行の大型トラックが「わだちぼれ」に溜まった水を強烈にはね飛ばし、ざんぶと隣を走るＴさんの乗用車のウインドガラスを覆った。それはガラスが割れるかと思うほど強烈で大量である。その部厚い水幕は完全に落ち切るまでに約２秒ほどかかった。むろんその間ワイパーはきかない。水幕に視界を遮られて全く前が見ない状態になったTさんは進むも地獄止まるも地獄である。しかも進む方向さえ定かでない恐怖にさらされた。

時速100キロ走行の二秒間は約55メートルの間、全く先の見えない走行を強いられることになるわけだ。恐怖に引きつった運転者にはもうブレーキを踏むことしかないのである。こうして車は横滑りを起こしガードフェンスに激突した。さらに後続車が追突し死傷者5名の惨事となった。

道路管理者もこの「わだちぼれ」にはかなりの神経を使っているようだ。高速道路の場合は深さが2.5ミリになると補修をするのがメンテナンス基準だという。だが、交通量の多い道路では損耗も激しく対策も遅れがちになるようだ。

この「わだちぼれ」はまさに「前車の覆轍（ふくてつ）」である。そうした危険があることが分かっていても、この轍（わだち）は踏まないわけにはいかない。もし危険な「わだちぼれ」に出会ったときは、まずは速度を落として慎重に走ることが第一であり、雨の日などはできるだけ大型車の跳ね水には警戒し、離れて走ることである。

道路に溜まった雨水をかき分けかき分け、ざぶざぶとわざと水しぶきをあげて子供のように痛快がったこともあったが、恐れを知らない初心時代のことである。節操を守る運転者は、

『「わだちぼれ」によろめく』

ことをしない。このよろめきには風情も無ければ情緒もないからだ。交通事故が待っているだけである。

3 車も人も暖機（気）運転

車を乗り出してから30分前後で起きる事故が多い。車も心もまだ暖まらないうちにトラブルが起きる。

「暖機運転」といえば、車の始業時にアイドリングでエンジンを暖め、また走

り出してもしばらくの間は、各部の円滑な働きが生まれるまで低速の慣らし運転をすることをいう。

機能的に優れた最近の車は、もう暖機運転の必要性はないという意見もある。しかし、車はもともと堅い金属のすり合わせで走りをつくる物体だから、これを効率的に働かせるにはなんといってもなめらかさをつくることだ。そのためには潤滑油の働きが重要であり、油が冷えた状態ではまだ円滑さは生まれない。しかも冷えた状態から急な走りを強いると、寝起きの悪いエンジンや冷たい足回りに過酷な鞭打ちをするようなものである。冬の朝早く、あえぎあえぎ走る車を見ると、無神経な主人に酷使される車がいじらしく思える。

車の暖機運転も大切だが、さらに大切なことは運転者自身の心の「暖気運転」である。いわば運転前のウォーミングアップだ。新聞を片手に、朝めしをかみかみ、わき目も振らずに車に飛び乗ってエンジンを始動する。そして時間に遅れまいと轟然（ごうぜん）と走り出すそのスタイルは、どうみても安全運転の心がまえはまだ冷えたままであるといえよう。運転に対する責任感も安全運転の意識もまだ目が醒めていない。

運転は毎日同じことの繰り返しのようでも、運転の都度、環境も、条件も、走りあう仲間も変わる。加えて自身の体調も風邪気味、寝不足、二日酔いなどその日によって一様ではない。だから運転を始めるときは、その都度決意をあらたにし、ゆとりをもって始めることが大切だ。

シートベルトを締め忘れ、補助ブレーキをかけたたまま、半ドアーにも気がつかず、おまけに屋根の上に鞄を乗せたまま走り出すようでは先が思いやられる。そのあとは渋滞に出合ったといってはいらいらし、時間に遅れるといってはあせり、さがす場所が見つからないからといってカリカリする。もうこうなると感情が先立って冷静さを失い、ゆっくり走っている車を見てもカンに障（さわ）るような運転になってしまう。

ある県警の資料を引用すると、交差点事故の約75%は出発後30分以内で起きているとあった。内訳は、出発してから５分以内の事故が23.2%、10分以内の事故が24.1%、30分以内の事故が27.7%である。ウォーミングアップ不足が災いし、気配りを忘れ、つい無理な交差点通過が原因ではないかと分析されている。

朝のあわてが起こしたとても悲しい事故のお話をする。

[事故事例　出勤を急いで我が子を轢く]

◇Qさんは朝食もそうそうに出勤に遅れまいと車に飛び乗った。エンジンをかける。バックギヤーを入れる。車庫から勢いよく道路に出る。そのときだ。後輪にズブッというような重みを感じた。何かを轢(ひ)いたらしい。車を降りたQさんの目に映ったのは、なんと後輪に押しつぶされた二歳の我が子の姿であった。夢中で救い出したがすでに息絶えていた。

息子は毎日のように父を見送るために庭に出る。その朝にかぎって母の手を振りほどき、はしゃぎながら車庫前に飛び出したという。そしてQさんは昨夜にかぎって頭から車庫入れをしていた。

手を振って見送ってくれた我が子の姿はもうない。わが手でわが息子を、詫びても詫びても詫びきれぬ、泣いても泣いても泣ききれぬ、あふれ出る涙は止まらない。生涯忘れることのできない悲しい朝の「あわて事故」であった。

あまりにもむごいお話だが、こうしたたぐいの事故はけっして稀(まれ)なことではないのだ。起き抜けの運転で人が覚醒し、持ち前の注意力と判断力を充分に発揮できるようになるには20分から30分の時間が必要だという。そこまでとはいわないが、できれば数分でよい、車運転を始める前に**「心の暖気運転」**をする習慣をつけたい。

それには出発前の簡単な仕業点検をするのもよいし、フロントガラスを拭くことを習慣とするのもよい。できれば運転席に座ってから今日一日の行動計画を考えるとか、順路、経路を考えることでもよいと思う。あまり難しく考えなくても、煙草の好きな人はお出かけ前の一服でもよいのだ。大切なことは出発前に心のゆとりを持つことである。

『車も人も暖機（気）運転』

「朝茶はその日の難を逃れる」というように、まずは出かける前に時間のゆとりを持つことが何よりも大切である。

4 ウインカーも一度は疑え

ウインカーの表示はときに誤っていることがある。状況によっては一度は疑ってみることも必要だ。

「信ぜざるべからず、すべて信ずるべからず」ということわざがある。信頼、信用は人のきずなとして大切なものだが、世の中、ときにはとんでもない間違いが起きるものだ。

ウインカーの表示間違いもその1つだ。もちろん悪意ではない。だが、進行方向を示すウインカーの表示と運転者の行動が違っていては周りの者があわてる。今日の車は、ウインカーはハンドル操作に対応して自動復元する仕組みになってはいるが、それでも次のような表示と行動の違うパターンがよくあるのである。だから状況によってはウインカーの表示も一度は疑って見ることが必要なのだ。

[事例1　ウインカーの消しそこない（復元未了）]

◇ゆるやかな曲がり角の道を右（左）折し終えても、ハンドル操作角が浅いときはウインカーが復元しないことがある。気づかずに走り続ける運転者。

[事例2　ウインカーを変えずに行動変更（消し忘れ）]

◇一度は右（左）折の合図を出したが考えを変える。だがウインカーはそのままにして平然と直進行動をとる運転者。

[事例3　ハザードランプの消し忘れ（出したつもり表示）]

◇ハザードランプを点けたままではウインカー操作をしてもウインカーは機能しない。自分では右折あるいは左折の意思表示をしたつもりで行動する運転者。

[事例4　思いつきのウインカー点灯（直前表示）]

◇曲がる直前になってから思いついたようにウインカーを出して急に右（左）折をする運転者。

[事例５　ウインカーの点け忘れ（非表示）]

◇初歩的なミスとはいえ、先急ぎをしたり、判断に迷ったり、他のことに気を奪われていてウインカーを出し忘れる運転者。

などなど結構間違い表示があるものだ。とくに初心運転者、高齢運転者、道探しの運転者などにこうしたウインカーミスがよくみられる。

一度は疑って見るといってもなにしろ運転中のことだ。いちいちたずねるわけにもいかないから鋭く観察して判断するしかない。この点多くの経験を積んだベテランの運転者は、まず相手運転者の目線に注意して不自然さを感じ取るという。そしてウインカーの表示と行動に疑わしさがあるときは、瞬時お見合いをするようなタイミングをとってゆとり時間を置き、安全な対応を選択するという。

余談になるが、間違いウインカーがらみの事故の怖さに、衝突後にウインカーの点灯が消滅することである。はずみでレバーが戻ったりして当初の状況とは変わってしまう。相手車が合図の誤りを認め、あるいは目撃者の証言などがあれば問題がないとしても、これが点けていたか点けていなかったかなどの争いになると厄介なことになる。消えたウインカーは事実を語ってくれないからだ。

『ウインカーも一度は疑え』

ウインカーも事故の不幸も元に戻らないことがあるのだ。

5 秒を数えて車間を測る

たかが追突されど追突。死傷者多数の事故も珍しくない。走りながら車間距離を測ることは意外と難しい。

図るは測ることから始まる。幕府の転覆を図る丸橋忠弥はお濠に石を投げ入れて堀の深さを測ったという。また、伊能忠敬は地球が丸いことを知りたいと天文儀と測量車を引いて蝦夷地（えぞち）まで足で実測して歩いたという。もっとも今日は電波で星までの距離を測る時代だから幼稚といえばそれまでだが、測ることの大切さは昔も今も変わらない。

車運転には、速度、間隔、距離など測るものが多い。そのなかでも車間距離の目測は一見やさしそうで難しい。なにしろ他車との相対速度はいつも変化しているし、渋滞、閑散、高速、低速と運転条件は一様でない。運転者の測定感覚も体調、気分などで都度変わる。とどのつまりはまあこのくらいだろうということになる。

速度に対応してどのくらいの車間距離を保つことがよいかは、教科書などがその基準を示している。一般には、「空走距離（運転者が事態に反応してブレーキを踏みそれが利き始めるまで走ってしまう距離）」と「制動距離（ブレーキが利き始め、摩擦力で車が止まるまでに必要な距離）」を合わせたいわゆる「停止距離」の分だけとるのがセオリーと教える。路面、タイヤ、車の重量によって差異はあるが、一般的なこの基準によると、時速60キロなら車間距離約44メートルくらいとなる。

もっともこれには異論もあるようだ。前を走る車と自車のブレーキの性能が同じなら車間距離は「制動距離」分だけあればよいとする説だ。しかしサーキットを走るプロドライバーでもないかぎりこの説はいささか危険がともなう。なにしろ後の車は前の車のテールランプの点灯（前車がブレーキを踏んだ）を知って反応するのだから、後の車にはそのときから「空走距離」、「制動距離」が必要になる。もしその説に従うと時速60キロの場合の車間距離は約25メートルあればよいということになるが……。

必要な車間距離とは、前車の突発的な急停車があっても、追突せずに安全に停止できる安全距離の意味である。運転時の天候、路面状況、運転者自身の反射神経、そのときの体調などを考慮すると、なるべくゆとりのある距離を保つことが必要である。

さてその車間距離に関して実務的に問題なのは距離間隔の測り方だ。なにしろ走行中の計測だから大変である。人によっては電柱の間隔（１つの間隔が約50メートル）を基準にして測るとか、車の長さ（乗用車１台が約５メートル）何台分という物差しを使う人もいる。高速道路ではキロポスト（１つの間隔が100メートル）、レーンマーク（マーク１つが８メートル、間隔が12メートルでワンマーク20メートル）、それにデリニエーター（視線誘導標）などが基準になる。しかし一般的には経験と勘によって車間距離を測っているのが実情ではないだろうか。だがこの勘も狂いやすい。となると、なにか簡便で正確な車間距離測定法はないものかと思う。

車間距離の確認方法

自分の車と前方の車の車間距離の測り方

- ●車間距離確認区間………………特設
- ●レーンマークの表示間隔………常設（ワンマーク20ｍ）
- ●デリニエータの設置間隔………常設（間隔50ｍ）
- ●キロ・ポストの設置間隔………常設（間隔100ｍ）

などで確かめることができます。

こうした悩みに答えて、近年、識者の間で提唱されているのが、「秒を数えて車間距離を測る」方法である。この方法は簡単だ。前の車があるポイント（電柱、標識柱、橋げた、街路樹、

デリニエータ、レーンマーク、キロ・ポスト

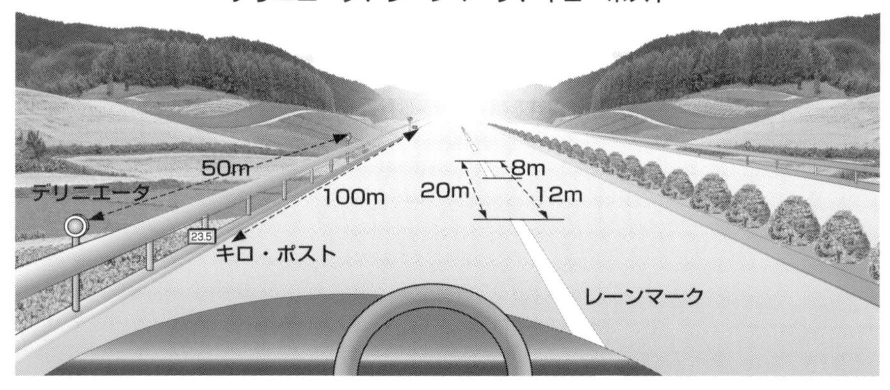

ネオン看板などの目標物）を通過したときから、後続する自分の車がその地点に達するまでに何秒かかったかを測ればよい。といっても時計を見るわけにはいかないから、口ずさみに「イーチ、ニーィ、サーン」と秒を数える。約３秒の経過時間があるときは、速度に関係なく、まずは前の車との間に安全な車間距離があることになる。たとえば、時速60キロ（秒速は約16メートル）なら約48メートル、時速80キロ（秒速は約22メートル）なら約66メートルの車間距離があるわけだ。

運転者を悩ます車間距離計測も、将来は車のセンサーが測って運転者に教えてくれる。車が接近限界を超えるとＣＣＤカメラやレーダー技術で自動的に危険を警告する。運転者がぼんやりしていれば自動的にブレーキがかかり減速する。つまりオートマチックな追突防止装置がお目見えすることになるという。この素晴らしい機能が一般用として標準装備されるにはまだまだ時間がかかりそうだ。それまではやはり人が慎重に測定するしかない。それにはぜひとも、

『秒を数えて車間を測る』

方法をためしていただきたい。身につけておきたい安全習慣のひとつである。

6 三尺離れて死のかげを踏まず

自転車はとかくよろめいたり急な進路変更をする。脇を走るときは三尺離れて死のかげを踏まない。

「三尺さがって師の影を踏まず」といえば、師をうやまう弟子が、三尺下がって師の影すら踏まないという礼節を説く言葉だ。今日ではあまり通用しないようである。だが、車運転にあてはめてみるとまた別の重要な意味になる。自転車はとかくよろめいたり急な進路変更をしたりする乗り物であるから、この自転車を追い抜くときは少なくも三尺以上脇を離れて、「死」のかげを踏まないという教えになる。三尺とは今日の物差しでいえば約1メートルのこと。

立場が変わると考え方も変わる。自転車に乗っていたときは自動車の横暴さにまゆをひそめても、こんどは自動車に乗る立場になると自転車がなんとも邪魔(じゃま)に思えてくるものだ。進行を妨げる、合図をしない、急に曲がるなど困ったな存在だと思うようになる。そこでついつい自転車を見くびり不用意にあしらうことになると、そこに思わぬ事故が待っているのである。

「自転車も乗れば車の仲間入り」という標語があった。自転車もまた道路交通の仲間だから車社会の責任を考えて注意深く行動して欲しいのだが、自転車は道路における境遇とその軽便性や自在性から、次のような行動傾向があることを忘れてはいけない。

自転車の特有な行動傾向を挙げると、

○急な進路変更、斜め横断、Uターンをする。

○右左折や進路変更でもほとんど合図をしない。

○足がつかないと自転車は止まれば立っていられないから、いきおい一時停止や安全確認を怠る。

○暗くなってもライトを点けたがらないが、自分では自動車から充分認知さ

並走する自転車の行動には常に注意をしておきたい。

れていると思っている。

○電柱や路上の障害物を避けるときでも無雑作にはみ出す。

○悪路、悪天候ともなると不安定なよろめきの走りをする。

○子供を乗せたママチャリ主婦や雨の日の傘差し運転は、他の交通に気配りするゆとりがない。

○優先通行関係はあまり意識しない。

○路地からいきなり飛びだしたりする。

自転車は、ルールを知らない、守らないという指摘もあるだろう。だが、自転車という乗り物の構造性、利用者の層、自転車が走る道路位置などを考えるとき、上記のような行動傾向が生まれやすいことも否定できない。なにしろ行動スタイルの違う自転車が、自動車と同じ道路で混合交通しなければならないところに基本的な課題がある。

自転車の保有台数は全国で約7,000万台。小回りが利いて軽便で安価な乗物だから渋滞をしり目にすいすいと行動できる利点があり、しかも買い物にあるいは自宅と公共輸送機関をつなぐ乗り物として、重要な役割を持っている。人気は衰

えない。

この自転車利用者が交通事故で死傷する数は年間15万人余にも及んでいる。死者数は1,000人を数える（警察庁24時間統計）。そしてとくに注目しなければならないのが事故死者の約58%を占めるのが高齢の自転車利用者であることだ。

ある高齢者の講習会で自転車はなぜ交差点で一時停止をしたがらないのか尋ねてみた。

○車は来ないと思っている。

○車の方が止まると思っている。

○自転車は止まると倒れてしまう。

の答えが返ってきた。「うーむ」とうなったが、これがオールドのスタイルなのかとあらためて考えさせられた。それに高齢者は身体諸機能に衰えがあるから、自動車が脇を通過するだけでもバランスを崩し、転倒すれば自動車側へと倒れ込む危険性を持っている。

運転者は弱い立場の自転車を可能なかぎり保護する義務がある。自転車にこれまで見てきたような行動傾向があるとしたら、その危険が予測（予見）されるのだから、これに充分対処して安全な運転を心がけなければなるまい。君子は危うきに近寄らない。そして、

『三尺離れて死のかげを踏まず』

である。

7 愛車が鉄の棺桶

車が我が身を葬る「鉄の棺桶（かんおけ）」になる。シートベルトは愛車に葬られないための安全バリアーづくりだ。

「愛車に殺される！」というといささかオーバーかもしれないが、統計的にはかなりの人が愛車に殺されている。というのもその人がシートベルトを締めてさえいたら、こうも身体を車に打ち付けることもなく、死を免れていただろうと思われるケースがたくさんあるからだ。

交通白書（13年版）によると、平成12年における自動車乗車中の全事故死者数3,953人のうち、シートベルトを着用していなかった死者は2,311人（58.5％）、着用していたけれど、事故が対応限界を越えた厳しいものであったために死亡にいたった人が1,470人（37.2％）であった。

その他、着用不着用不明の死者172人（５％）がいる。死者の半数以上に及ぶシートベルトを締めていなかった死者のなかには、締めてさえいれば死を免れたと推定される人が数多くいたはずである。

シートベルト着用有無別の致死率という統計調査がある。この調べによると、着用していたが残念ながら死亡にいたった人の致死率は0.25％どまりだが、対して着用していない人の致死率は2.15％と約８倍も高い。このことから推定して、シートベルトを着用しなかった死者が着用していたとすれば、死者数は８分の１に減っていただろうという。

[事故事例１　転覆しても運転者は軽傷]

◇右折車と直進車が激突した。右折車ははずみで二回転して止まった。運転者の身体も当然大きく転回し続けたが、シートベルトがしっかりと身体を支えていたために車内の構造物にぶつけられることも少なく、奇跡的に軽傷で済んだ。

[事故事例２　電柱に激突して骨折で済む]

◇なだらかな右カーブを時速80キロで走行中にバランスを失った。車は外側に流れて電柱に激突する。電柱が車内に食い込んだ。その破壊ぶりからは当然に死亡事故を思わせるものだったが、シートベルトとエアーバッグが身体の移動を止めていたため足・腕の骨折で済んだ。

[事故事例３　崖下に転落しても軽傷]

◇乗用車が高さ９メートルの崖下に転落した。下は岩場だから当然に墜落死と思われる事故だったが、運転者は奇跡的に軽傷で生還した。崖の途中の立ち木がクッションになったことも幸いしたが、さらに車のクラッシャブル（車体がつぶれることで衝撃を吸収）構造とシートベルトによる身体の固定が一命を取り止めた。

今日でもまだまだシートベルトを締めたがらない人がいるという。嫌がる理由には、

○自分は事故を起こさないから。

○ベルトの束縛感がいやだから。

○スタイルが幼稚っぽいから。

とあるが、今日の車社会で事故に遭遇することがないといいきれる人は、だれもいないのである。

愛車はこよなき友だ。だがこの友はネコ科の血を引いているらしく突如と豹変することがある。状況によっては「走る凶器」になったり「鉄の棺桶」になったりする。機嫌を損ねた愛車は、激突時などでは狂乱的にたくわえたエネルギーを放出する。そして乗ってる者だれかれを問わず車外に放り出したり、車内の構造物に強く打ちつける振舞いをするのである。

凶暴性を発揮する原因は運転者の事故責任とは関係がない。自損でも他損でも、ぶつけてもぶつけられても、かまわず乗員を車内の構造物に二次衝突させる。こ

のときに身体が車の構造物に打ち付けられないようにするには安全柵（バリアー）が必要だ。シートベルトやエアーバッグがそのときに必要最低限の安全空間を維持する。

将来の車は気密性の高いカプセル化したものになるかもしれない。そして卵の黄身のように衝撃に対して運転者が守られるようになるとよいなと思う。それもまだまだ遠い先の話、いま運転者の身を守る命綱はシートベルトだけである。

シートベルトの着用でもう１つ大切なことがある。着用が運転者の責任意識を高めることだ。航空機の操縦士はコックピットに座ってカチッとベルトを締めたとき乗客の命を預かる責任の重さをかみしめるという。車の運転も運転責任意識の高い人ほど着用を励行（れいこう）する。

『愛車が鉄の棺桶』

飼育調教されたライオンも不機嫌になると調教師を噛む。愛車に噛まれないようしっかりとシートベルトを締めることにしよう。

8 セコで登ったらセコで下れ

自動車教習所もなかったむかしのこと、技能習得は先輩からの直伝だった。そこには短い巧みな教訓があった。

車がすくなかったそのむかし、自動車教習所も公式の教科書もなく、運転免許をとるためには空き地などで先輩直伝の技能伝習で学ぶことが多かった。先輩はできのよくない後輩を叱咤（しった）しながら運転操作を懸命に教える。そしてかんどころになるとことわざのような短い言葉で分かりやすく伝えてくれた。たとえば、「ハンドルはきったら戻せだ（走りの基本）」「落としたタイヤ側にハンドルを回せ（ぬかるみからの脱出）」「ロー三尺だ（クラッチの切り替えタイミング）」、「セコで登ったらセコで下れ（坂道運転）」などなどがあった。

「ロー三尺」というのは、初心者に修得しにくいＭＴ車のギヤーチェンジのタイミングを簡潔に教えた言葉である。

「いいかね、いつまでもロー（１速）ギヤーで引っ張っていては駄目だ。車が三尺（１メートル）も進んだらセコンドギヤーに入れるんだ。まあ一口に言って、『ロー三尺』という感じかな」
といった調子である。うーんこれなら分かりやすい。ＡＴ車全盛時代の今日ではあまり意味を持たないが、ＭＴ車操作で初心者が最初に出合うギヤーチェンジのハードルを容易にに超えさせてくれた。

「セコで登ったらセコで下れ」とは、下り坂の危険を教えたものだ。セコとはセカンドギヤーのことであり、セコンドギヤーで登るような山道・坂道は、下るときもやはりセコンドギヤーで下ることが基本だと教えている。これは今日でも充分に通用する。現代の教科書風にいえば、「急な下り坂や長い下り坂でブレーキを多用すると、過熱によりブレーキパイプ内に気泡が生じてベーパーロック現象が起きたり、ブレーキライニングが過熱変質するフェード現象でブレーキが利かなくなる。エンジンブレーキを活用して（ギヤーを落として）安全に下るのが良い」という教えになるわけだ。

初心者は、ベーパー（気泡）ロックとかフェード（次第に弱まる）とかを教えられても実感がわかない。運転免許試験があるから仕方なく言葉を覚えたもののやがて忘れてしまう人もいるくらいだ。だが、「セコで登ったらセコで下れ」はいつまでも忘れない。

現代の運転マニュアルは教科書を始めとして科学的、合理的に説かれていてすぐれたものが多い。だが、多くの初心者は短期間に知識を詰め込まれてオーバーフローになりがちなのも事実だ。運転免許試験があるから懸命に一夜漬けの丸暗記をするが、試験にパスしたあとは役目が終わったように忘れられてしまうこともある。これでは役にたたない。運転者が欲しいのは身に付く実践的な操作技術であり危機管理術である。

ところで日本人はむかしから危機管理術として、諺（ことわざ）、警句、箴言（しんげん）などを活用してきた。たとえば、「浅い川も深く渡れ」「治にいて乱を忘れず」「せいてはことを仕損じる」「昨日は他人（ひと）の身、今日は我が身」などなどがあるが、いずれも今日の車運転に通用することわざである。ただ「失敗は成功のもと」は交通事故にはなじまない。

このような言葉・ことわざは、過去の失敗経験から生み出されたものであり、そこには厳しい経験にもとづく教えがある。言葉は短く鋭いセンテンスでしかも寸鉄人を刺すような迫力がある。そしてこの短い一口言葉は覚えやすいからいつまでも忘れない。

車社会も今日のように高速過密な運転関係になるとますます危険が増大してくる。だから現在も安全運転に関する名言、警句、ことわざのたぐいがいろいろと生まれている。たとえば「一時停止は二度停車」、「右折左折は歩く速度で」、「さかみち駐車の左切り」「車の陰に子供、車の下に子供」などなどすでに運転者間に定着している。直截簡明（ちょくせつかんめい）でしかも説得力のあるこうした言葉・ことわざは、まさに安全運転実践術である。

本書も、じつはそうした観点から安全運転のあり方を、ことわざ風の題名を選びこれを切り口としてまとめてきた。すでにお読みいただいたように、「出合い頭は事故がしら」「愛車が鉄の棺桶」、「道路交通法に『優先権』はない」「青信号は安全を保証していない」「昼あんどんの事故（自己）防衛」「ヘアピンより怖い大曲り」などである。

『セコで登ったらセコで下れ』

は古い時代の教訓だが、わかりやすい実践的な安全運転の警句・箴言（しんげん）・格言のたぐいが、これからもどしどし生まれてきて欲しいと思っている。

9 馬は手綱さばきAT車はブレーキさばき

騎手は手綱さばきで巧みに馬を操る。ＡＴ車はブレーキさばきで安全に発進し安全に止まる。

ブレーキは車を止めるためにあるというのが常識だが、ＡＴ車のブレーキは安全な発進や安全な車操作のためにもある。それはちょうど競馬の騎手が先急ぎする馬の動きを手綱を締めてコントロールし、緩めて存分に走らせるさまによく似ている。ＡＴ車も競争馬もブレーキ（手綱）は止まるだけのことではなく、目的に添った走りをつくり出すための重要な役割を果たしている。

車は、エンジンの力をトランスミッション（変速機）を介して駆動軸に伝えて走りの力とする。その切り替えは、ＭＴ車では円盤をすり合わせるクラッチ板で機械的に切り入りする。ＡＴ車ではトルクコンバーターと呼ばれる液体（オイル）を介した装置で変換をする。洗濯機の水を廻すと洗濯物が回り出すさまにも似ているが、ＡＴ車は液体（オイル）を介してつないでいるからＭＴ車の円盤のように完全な切り離しはできない。

このためＡＴ車には特有の「クリープ現象」がある。クリープとは「ゆっくり進む」の意味であり、「這い出す」の意味もある。なにしろ液体を介してエンジンの力を伝えるのだから、ニュートラルやＰレンジにしないかぎりエンジンの力はいつもつながっているわけだ。だからブレーキを離すとそこそこ這い出してしまう（クリープする）のである。

このＡＴ車にはデビュー時代から多くの事故例がある。

○送迎ハイヤーが急発進して告別式の列に飛び込む。

○急患を送り届けた車が急発進して病院内に突入する。

○後退したＡＴ車が立体駐車場の柵を破って三階から地上に転落する。

などなどの事故がセンセーショナルに報道されていた。

ＡＴ車敬遠派は、「這い出し（クリープ）」が事故の元凶だとＡＴ車を欠陥車扱いにしたこともある。しかしそうした事故の多くはＡＴ車の欠陥というよりＡＴ車の機構の無知、またはＭＴ車時代の操作習慣が絡み合って起こした人為的ミスのようであった。今日では万が一にもそうした間違った操作によるトラブルが起きないようにいろいろと改良がなされている。たとえば、

○シフトロック機構（ブレーキを踏まないとＰレンジからのシフトができない）

○リバースミスシフト防止装置（レバーボタンを押さないと後退レンジに入らない）

○リバース位置ウォーニング（シフトレバーをバックに入れると警報音がなる）

○キーインターロック機構（Ｐレンジにしないとキーが抜けない）

などなどがある。

近年のＡＴ車は「這い出し」をするといっても、軽くブレーキを踏んでいれば容易に押さえられる程度のものだから、それがトラブルの原因になるとはいいきれない。

ＡＴ車の利点は、むしろこの「這い出し」の有効な活用にある。ブレーキを踏んでエンジンをかけ、そのブレーキを静かに離せば車はいとも滑らかに発進してくれる。もちろん静かな後退もＯＫだ。ＭＴ車のようにノッキングもエンストもない。かつて自動車教習所の初心者泣かせだった車庫入れ、縦列駐車、坂道発進も苦労なく行なえるようになった。しかも左手、左足のクラッチ操作がないから運転にもゆとりができる。そのゆとりが他方への注意に振り向けられる。

もし、かりにシフトの入れ違いがあったとしても、始めにブレーキを踏んでい

るはずだから、そのブレーキを静かに緩める習慣さえつけておけば、そろりと動き出した直後にシフトの誤りに気がつきすぐに対応できる。告別式の列に飛び込んだり立体駐車場の柵を破って三階から地上に転落することはないはずだ。

走り始めれば車は自動で変速するし、追い越しなどで力強いパワーが必要ならアクセルをいっぱいに踏み込むキックダウンという手法でスピードを上げることもできる。もちろんギヤーのレンジを替えればエンジンブレーキも効く。

だが、燃費が多少かさむ、エンジンブレーキの効率が悪い、エンスト時の押し掛け始動ができない、踏切内で異常停止したときにセルモーターの力で車を自力脱出させることができないなどの欠点もある。だがそれにも勝る利点は、手間のかかる変速作業がオートマチックであるとともに、「這い出し」を利用した簡易で安全な発進後退操作ができることだろう。

騎手は手綱を緩めて走り出す。ＡＴ車はブレーキを緩めて安全に動き出す。

『馬は手綱さばきＡＴ車はブレーキさばき』

で走る。

10 目の脇見、心の脇見、手の脇見

脇見にもいろいろとある。目の脇見だけではない。心ここにない脇見も、手探りの脇見もある。

脇見(わきみ)運転といえば、進行中に前方から目線をそらすのが定番である。だがこうした「目の脇見」のほかにも、心がよそを向いていて前をよく見ない「心の脇見」もあるし、もう１つ「手の脇見」もある。手が横を向くわけではないが、車内の物を手探りで探そうとするとき、携帯電話を操作しようとするとき、顔や目は前を向いていても、手先に心が集中して前方への注意力がおろそかになることだ。これらを含めて広い意味での「脇見運転」と呼ぶことにしたい。

脇見運転で起きた死亡事故を統計で見ると、

○「目の脇見」（いわゆる脇見運転　980件）
○「心の脇見」（いわゆる漫然運転　961件）
○「手の脇見」（安全不確認など　591件）
となっていた（交通白書平成14年版）。

このうち手の脇見は安全不確認だけではないので少し割引をしていただきたいが、ともあれこの３つの脇見系の事故を併せると合計で2,532件、全死亡事故の30％にもなる。たかが「脇見」とあなどれないほど多い。なにしろ前をよく見ていないで衝突するわけだから速度もはやく、衝突時の衝撃も大きい。当然のことだが死亡事故になりやすい。

[事故事例１　目の脇見の事故]

◇軽自動車を運転するＩ子さんは、昇降車が並ぶ電柱配線工事現場にさしかかった。興味深くこれを眺めて脇見をしたところ、どすーんという鈍い衝撃を感じた。気がつくと現場で交通整理と誘導にあたっていた警備員をボンネットに跳ねあげてしまっていた。工事現場に見とれて脇見をし、車が斜行しているのに気づかずに起こした死亡事故である。

これに似かよったケースに、交通事故現場に興味を持って脇見をし、お巡りさんの目の前で追突事故を起こす例もある。

[事故事例２　心の脇見の事故]

◇乗用車を運転中のＭさんは友人から結婚式のスピーチを頼まれていた。そのことを一生懸命考えながら運転をしていた。前を見ていたつもりだが歩行者の発見が遅れて、横断歩道を横断する３人に衝突し重傷を負わせた。

Ｍさんの例に限らず、心配ごと、考えごと、車内の会話、同乗の子供への気遣いなどで、心がよそ見をする漫然運転型、動静不注視型の脇見事故が起きる。

[事故事例３　手の脇見の事故]

◇配送車を運転するＮ君は配達先を確認するために手探りで助手席に置いた伝票を引き寄せようとしたが落としてしまった。目は前に向けているが、身体を折り曲げるようにして伝票を拾おうとする手先に神経が集中し、注意がおろそかになった。気がついたときには車が反対車線にはみ出していた。慌ててブレーキをかけたが車はそのまま歩道に向かって突進し、折から下校中の学童の集団に突っ込んでしまった。この事故で小学生ら五人が死傷した。

同じような事故に、ひざの上のバッグの中をあらためようとして、携帯電話をかけようとして起こす事故もある。

運転の警句に「ちらり１秒ちょっと見２秒」というのがある。少しくらいの脇見だと思っても、車はこの間にかなりの距離を走っている。かりに２秒間の脇見をしたとしたら、時速50キロでは約27メートル、時速70キロでは約40メートル、時速100キロではなんと約55メートルの前方不確認走行をすることになる。

たばこに火をつける、くもったガラスを拭く、ラジオ・CD・クーラー・カーナビなどを操作する、さらには携帯電話からペットまでと油断の脇見の種は尽きない。

『目の脇見　心の脇見　手の脇見』

脇見をゆとりの所作などと安易に考えてはいけない。道路交通法に「脇見運転違反」はないから大丈夫などと考え違いをしてはいけない。脇見系の事故は重大な結果となりやすい。ご注意を。

第7章 反省と教訓

論語に、
「一日三度反省し、幾度もわが身を省みて己を戒めよ」とある。
君子は危うきに近寄らない。
この章では日々心を新たにして運転するための教訓を取り上げた。

1 酒、事故、入獄、妻の自殺

車は幸せを運んでくるはずのものだった。だが酒という悪魔の誘い鳥が悔いて戻らぬ不幸を運んできた。

このお話は、飲酒運転で事故を起こしたＪさんの妻が、報われぬ苦労を背負ったまま逝った悲しい交通事故の物語である。

交通事故を起こして実刑判決を受け、交通刑務所に在監中のＪさんに封書が届いた。花柄の寂しそうな封筒は妻からのものであった。「遺書」である。夫が起こした交通事故の後始末に身も心もすり減らしたＪさんの妻は、疲れ果てて自ら命を絶った。それは悲しくむなしい最後の便りであったのだ。

[事故事例　Ｊさんの飲酒運転事故]

◇Ｊさんの交通事故は忘年会のその夜に起きた。宴会が終って帰途につく。後輩がＪさんの腕を抱えて、「先輩、飲んだら乗るなですよー。電車で帰りましょう電車で……」と気配りをしてくれている。だがＪさんは「いや今日はあまり飲んでいないから……」と受け流し１人駐車場へ向かった。いま思えばこれが不幸の門へのたどり道であった。

もちろんＪさんは後ろめたさを感じないわけではなかった。しかし、ビール２本程度の飲酒量なのだから少し休めば醒（さ）めると思った。それに、車がないことには明日の出勤が困る。そしてなによりもこの駐車場に愛車を置いたまま帰るには心残りがある。そう考えるとしだいに乗って帰るのも正当な理由があると思うようになった。すでにお酒がＪさんの理性を狂わせ、そう言わせているのに気がつかない。

休んだつもりもそこそこに乗り出してやがて10分ほど経つた。進路の前方に貨物自動車が１台停車をしている。こんなところに車を止めて、なにをやっているのかなーとつぶやきながらそのままの速度で車の脇を通り抜ける。が、そのときだ。小走りに左から右に横断する人影を見た。危ない！　とブレーキをかけたがすでに遅く、歩行者をボンネットにはね上げていた。そして狼狽（ろうばい）したＪさんはそのまま現場から立ち去ってしまったのである。

この事故は酒気帯び運転による横断歩道上の歩行者ひき逃げ重傷事故。横断歩道上の事故責任がいかに重いものであるかはいうまでもない。そして罰は懲役５カ月の実刑判決。免許の取り消しは２年。運命の歯車がこうして狂いはじめた。

夫に代わりＪさんの妻の苦労が始まる。償いの苦労は被害者へのお詫びからである。入院先への見舞いも日課になった。見舞いの足が少し遠のくとなぜこないのかと電話がかかる。雑費の用立が充分でないと注文の声がかかる。転院するから自動車を用意するように、娘の将来についてどう責任を取るつもりか、と厳しくつらい嫌みの言葉がつぎつぎと浴びせかけられる。

そうした苦しみのなかに弁護士から損害賠償について下話があった。治療費、付添費、慰謝料、逸失利益、後遺障害、弁護士費用その他で、請求総額は１億８千万円ぐらいになるだろうという。Ｊさんの車には自賠責強制保険の契約しかなかった。Ｊさんの妻は父に相談し、交通事故相談所も訪ねて救いを求めたが、結果は絶望を感じさせるものだけだった。

先日面会にきたとき、涙ながらにこの苦衷（くちゅう）を訴えられたＪさんは、出所したら必ず何とかするから頑張ってくれと泣き伏す妻を励まし、ひ弱な身体の妻を獄窓から見送ったのだったが、あれが最後の別れになってしまったのである。やがて届いた薄い封書には、短い言葉で、

「すみません……わたし、つかれました……役にたてなくて..」

と、筆に涙をにじませた詫びの言葉がある。入獄中の夫に代わって、事故の後始末に身も心もすり減らしたＪさんの妻はこの遺書を残して贖罪(しょくざい)にも似た思いで命を絶ったのである。

１杯の酒、それがこれほどまでに自分たちに過酷な責めを負わせ、絶望的な不幸をもたらすのかと、Ｊさんは遺書を握り締めてうち伏す。妻を死に追いやった己の不始末に、ただただ号泣し悔恨の涙にくれるのであった。

道路交通法の飲酒運転の禁止条項は、ルールと言う互いの約束ごととは違う。無免許運転、過労運転、共同危険行為（暴走族の無謀行為）と同じように、運転するかぎり犯してはならない絶対的義務として課せられているものだ（「運転者の義務」法第65条）。違反をしてもつかまらなければよいなどというものとは次元が違う罪悪であることを強く認識しておきたい。

『酒、事故、入獄、妻の自殺』

飲酒運転事故の恐ろしさを、Ｊさんとその妻が身をもって教えてくれた。

❷ ４番目のブレーキ

車のブレーキがいかに優れていても、心のブレーキが働かなければ車は安全に止まれない。

自動車教習所の生徒さんに、ブレーキの種類について質問したら即座に、「フットブレーキ」、「ハンドブレーキ」と答えがあった。いや、もう１つあると質問したら、ややあって「エンジンブレーキ」と答えてくれた。正解。車のブレーキングには３つの方法があることは初心者でもよく知っている。

ついでに、もう１つ大事なブレーキがあると問いかけたら、教科書をめくり

ながら怪訝(けげん)そうな顔をしていた。実は、「4番目のブレーキ」は皆さんの心の中にセットされている自己抑制装置（ヒューマン・コントロール）だと説明すると、なーんだと言う顔でにやにやと笑い出した。いや笑いごとではない、車の運転でもっとも大切なのがこのブレーキだと、口を極めて説明を始めたがにやにや笑いはやめなかった。なにしろ運転免許の学科試験に出てこないブレーキの話では、興味がないのも無理はない。

ブレーキが効かなかったという事故といえば、ライニングやブレーキパッドの磨耗、ベーパーロック、あるいは水圧で浮き上がるハイドロブレーニングなどの事故があるが、しかし今日の優れた車の性能では、余程の無理（整備不良車などを含む）か天候に災いされないかぎり、こうしたブレーキの不都合による事故はほとんど起こらない。ただしリコール（欠陥）車は別である。

ブレーキが原因だと弁解する交通事故の多くは、ブレーキのかけ遅れか、かけ違いがほとんどであろう。ブレーキ機能が正常なのに、判断、操作する運転者の意識に欠落があるときだ。つまり心のなかにセットされているはずの「4番目のブレーキ」が故障しているとき機械的ブレーキも作動しなくなる。心のブレーキ故障が、うっかり、ぼんやり、漫然運転、大丈夫だろう運転となって現れる。

ともあれ「4番目のブレーキ」はとかく故障しやすい。人のポカはどうやってもゼロにすることができない（別項「人は過失をなくせない、だから譲る心もなくせない」参照）というなら、テクノロジーでこれをカバーしようとする研究がある。

ご存知の「**先進安全自動車（アドバンス・セーフティ・ビークル＝ＡＳＢ）計画**」である。現在、関係省庁や関係業界で懸命な努力が積み重ねられている。近い将来には、目のしばたきや視点の移動、身体の揺れ動きから運転者の居眠り状態を感知して車が安全に停止するとか、走行ラインを外れるとセンサーが感知して自動的にハンドルが修正される自動運転装置とか、夢のような装置ができる。

心のブレーキが故障しても、機械（車）が危険度を判断して自動的に安全な

方法を選択するというのである。(別項「車に心の安全装置はない」参照)

近い将来にこうした優れたシステムが開発されたとしても、そのモードを選択するのは人の心である。身勝手な欲求がそのシステムに逆らって意識的に別の操作することもあるだろう。かつて速度オーバーを知らせる警報を取り付けたら、チンコンカンコンとうるさいからと反対されて消えてしまった経緯もある。

いつの世になっても、運転の安全はやはり運転者の心の中にセットされている心のブレーキが正常に働かなければ、すべての仕組みが有効に作用しないのである。「４番目のブレーキ」を外してはいけない。

にやにやと笑っていた教習生に、『４番目のブレーキ』は運転免許試験に出題されないかもしれないが、その効き具合のいかんが事故と無事故を分けるのだ。身を守り、生涯無事故のためには最重要なポイントであることをわかって欲しいというと、ようやく真顔になってうなずいてくれた。

あれから10数年、いまではその教習生もベテランの運転者になっているだろう。ときどきふっと、

『４番目のブレーキ』

を思い出してくれていると嬉しいが……。

3 報道記事に事故を学ぶ

事故は経験して学ぶものではないが、代わって報道記事がリアルに事故の真実を伝えてくれる。

交通事故は恐い。なぜならただの一度の事故体験がその人にとって取り返しのつかない大事となることがあるからだ。運転は技芸・体育のように失敗を重ねこれを体験として習得をするというものではないのだ。体験をしないで事故を学ぶことを意図しなければならない。

ことわざに「賢人は他人の過ちで学び愚人は自らの過ちで滅びる」とある。「人の振り見て我がふり直せ」というところか。交通事故も体験して学ぶことができないとすれば他人の過ちに学ばなければならない。

それならばと、体験者である事故の当事者に失敗の原因についてたずねてみるが、当事者は口を閉ざして真実を語りたがらない。それではと事故処理を担当する警察官がよく知っているはずだと期待するのだが、こちらもまた守秘義務があるからとして、個々の事故の詳しい話までは公にしない。

これほど多くの事故が起きているのだから「他人の過ちに学ぶ」ことなどたやすいと思っていたのだが意外と難しいものである。

教育映画、ドキュメントビデオ、シミュレーターなどで事故の疑似体験をすることがあるが、それとても免許の更新、講習など特定の機会があるときにかぎられてしまう。

さてそれでは、交通事故の失敗をを真実に迫ってリアルに伝えくれる情報はないかと探したら、なんと身近に報道記事があった。なにせ社会の木鐸を自負するマスコミは、市民のために運転者のために昼夜を問わず事故を取材して、危機管理情報を提供してくれている。

記者仲間の言葉に「さつ回り」というのがある。記者は定時的に警察へ警戒電話を入れるほか、随時、警察（さつ）を回って取材を怠らない。事故の情況によっては現場に飛び、また、夜討ち朝駆けの取材もいとわない。だから交通事故に関していえば、第三者としては警察官についでその事情に詳しいということにもなる。
「主婦の車、学童の列に飛び込み８人死傷」「若者５人、鈴鹿帰りの暴走死」「薄暮の母子、ダンプに轢かれて死亡」「一家４人、法事の帰りに踏切で即死」「トレーラーと衝突、妻子ら５人死亡」「衝突炎上、一時不停止で２人死ぬ」「○○選手が貨物自動車と衝突して死亡」「実家に向かう家族、玉突きで４人死ぬ」「恐怖の迷走、運転者は脳梗塞」「高速道路17台の玉突き事故」などなどのショッキングな見出しがあって、ことの重大性を伝えてくれる。

ところで「新聞は３回書く」という。大きな事故になると、見出し、リード文、本文と三段階に分けて伝えるからだ。まず見出しで読者にアピールし、リード文で概要を知らせ、本文にいたっては詳しく、「だれが」「いつ」「なにを」「どうして」「どうなった」「問題は？」「原因は？」と取材可能な範囲で真相を伝える。なかでも記者が苦心するのが事故の動機、原因だろう。たとえば、
「前をよく見ていなかったのが……」
「飲酒運転で気配りを欠いたのが……」
「カーブで速度を出し過ぎたのが……」
「考え事をしていて気がつかなかったのが……」
「先を急いで警報器を無視したのが……」
などと事故原因を教訓として伝える。、しかし、記事は憶測では書けない。関係者に対する積極的な取材と調査で読者に真実を伝えるわけだが、どうしても明らかでないこともある。やむを得ず「……と見て警察で捜査をしている」とまとめたりもする。
報道記事といっても事故のすべてを完ぺきに知ることはできない。しかし同じ運転者仲間であればその記事からよくある失敗のケースだと、我が身につまされて感じ取れるものがあるはずだ。
事故の記事を読んで、うーむとうなり、
「法事の帰りにねえ……」「楽しいファミリー旅行がなあ……」「なぜ発見できなかったのだろうか……」「長距離ドライブではよくある油断だ……」「速度の出し過ぎは恐いね……」「追突がこんな惨事になるとは……」などなどと当事者

の失敗を身に迫って感じることができたら、そのときにこそ報道記事を通じて「他人の過ちに学ぶ」ことになる。
体験できない事故を学ぶにはこれに勝るものはないだろう。その事故はあるときの自分の失敗の姿であるかもしれないのである。
『報道記事に事故を学ぶ』
他人事のように読み流す前に、事故と運転者の失敗を身近な問題として学習に役立てたい。

 踏切のとりこ事故としっぽ残し

踏切の安全確認は列車だけのことではない。人や車の通行はもとより、踏切施設、踏切先道路まで確かめる。

毎月23日は、フミと読むのだろう「踏切の日」となっている。そのキャンペーンのパンフレットに、「もし踏切に閉じこめられたときは慌てずに車をゆっくり前進させて下さい。遮断棒が前方に跳ね上がり、あるいは折れるようになっているので脱出できます」とある。警報無視の不心得者のためにあるような気がしないでもないが、しかし鉄道当局がそう心配しているくらいだから、踏切内に閉じこめられたり、渡りきれずにしっぽを残して起こす事故が予想以上に数多く起きているのである。
踏切内に閉じこめられて脱出できなくなった事故を「とりこ事故」という。とりこにはならなかったが、事情で踏切を渡りきれずに軌道敷内に後部を残して起こす事故を「しっぽ残し事故」と呼ぶことにする。

[事故事例１　積載荷物が踏切施設に接触してとりこ事故]

◇貨物自動車の荷台に積んだパワーショベルのアームが踏み切りの施設に引っかかり踏切内に立ち往生した。折から通過の通勤ラッシュで超満員の列車と衝突し、列車３両が脱線して乗客396人が重軽傷を負った。

[事故事例2　前方道路の渋滞でしっぽ残し事故]

◇踏切を渡り始めた大型トレーラーが踏切に入ったが、前方道路の渋滞で先に進めなくなった。よって踏切内にしっぽを残す状態になり、折から通過の列車に接触して列車の前2両が脱線。17人が死亡し、30人が負傷した。

こうした踏切り事故はこのほかにもいろいろと起きている。

○園児の送迎バスが踏切内に立ち往生して列車と衝突＝15名死傷（平成7年ＪＲ九州枕崎線）

○ダンプカーが踏切内に立ち往生して列車と衝突＝19名死傷（平成7年ＪＲ北海道函館本線）

○ダンプカーが遮断桿を突破して列車と衝突＝71名死傷（平成8年北海道ＪＲ日高線）

○立ち往生したトラックと列車が衝突＝11名死傷（平成10年神戸電鉄）

○踏切内に後部を残したトレーラーと電車が衝突し脱線＝17名死傷（平成11年西武新宿線）

踏切り事故の原因は結果からみればたしかに運転者のルール無視である。だがもう1つ考えておきたいことがある。それは踏切りにさしかかったときの運転者には潜在的に不安な心理が生まれるということだ。踏切りで事故でも起こそうものならまずは命がないと観念しなければならないことをよく知っているからだ。運転者の不安は、

○不気味な警報がいつ鳴りだすか常に気にしながら接近している。

○渡る途中で警報器が鳴りだすと、もう列車がすぐ後ろに迫っているような恐怖感に襲われる。

○警報器が鳴る前に、遮断機が降りる前にはやく踏切りを渡ってしまいたいというあせりがある。

○通り慣れた踏切りでは、いつもの安全が先入観となって心配はないだろうと大胆な行動をとる。

こうした不安感や恐怖感が逆に形を変えて、こんどは意外と思われるような理不尽な行動をとらせることがあるのだ。たとえば、

○警報機が鳴りだすとあわてて加速する。

○見通しがよいからと停止を省く。

○列車が見えても大丈夫だと先を急ぐ。

○遮断機が閉まりかけても強行突破する。

○進行先の道路の渋滞など考えずに渡る。

などの無理な運転が生まれる。踏切り事故を分析してみると、事故の原因は、運転者がぼんやりしていた、ルール違反をした、というだけでは解釈しきれないものがあるからだ。

踏切横断でさらに忘れてならないことは、さきの「とりこ事故」や「しっぽ残し事故」の教訓が教えるように、踏切の「安全確認」対象は列車だけではないということだ。踏切内の通行幅員、自転車・歩行者の通行状況、対向車との行き違い、積載物と踏切施設、さらには先方道路の渋滞と進行可否の状況まで、もろもろの安全確認をすることである。

『踏切のとりこ事故としっぽ残し』

道路交通法はそのために、「停止」のほか、もろもろの事象について「安全であることの確認」をせよと強調している。

5 物損事故も人身事故も紙一重

交通事故は、危険の予測はできても結果の予測はできない。物損事故から死亡事故まで、まさに紙一重。

変わりやすいのは「女（男）心と秋の空」というが、交通事故の結果もまたうつりぎで極めて変わりやすい。物損事故程度と思った事故も、むち打ち、ねんざ、胸部打撲などの人身事故に変ることはよくあることだ。それどころか、軽い人身事故程度かなと思った事故が、脳内出血を起こしていて翌朝には死亡するという事例もけっして稀なことではない。年齢、健康状態、衝突時の条件によって結果は思いがけないような方向に変化する。交通事故は、危険の予測はできても、事故の結果がどうになるかまでの予測はできないものなのである。

そうした思いがけない変化の要因には、速度、衝撃力、衝突角度、障害物、被害者の年齢、体調、乗車位置、シートベルトの着用の有無などがある。いろいろとからみあって結果が起きるのだから、物損事故も傷害事故もそして死亡事故も、その境目がないくらい紙一重の差で変化をする。境目がないからといっても事故責任は結果の大小によって糾弾（きゅうだん）される。本当は物損事故程度だったといっても通らない。ここに交通事故の恐さがある。

[事故事例１　自転車に軽く接触した死亡事故]

◇Ｒさんの貨物自動車が、狭い道で老人の自転車を追い抜くとき軽くハンドに接触した。その直後にガリガリという異常な音を感じて車から降りてみると後輪あたりに自転車の老人が倒れていた。救急車で運ばれる老人の状態をみてもわりと元気な様子だ。衝突時の速度も遅いし軽い接触事故だから軽傷人身事故程度かなと考えていた。が、入院したその老人は翌朝に脳内出血で死亡してしまった。機敏な措置がとれない老人は、接触の際に車のボディに頭を強く打ちつけていたのである。

[事故事例２　電柱が妻を死なせる]

◇行楽の帰り道は雨だった。Ｓさんの車はキャブオーバータイプ。降りそめの道路は車も滑りやすい。駆け出した横断者を発見して急ブレーキをかけたが車はスリップして道路端の電柱に激突した。電柱がウインドーを突き破って運転席に飛込んできた。そして運悪く助手席の妻を直撃したのである。Ｓさんの妻は電柱に押潰されるように圧死した。そこに電柱さえなかったらとＳさんは恨んだ。

[事故事例３　追突で５人が死傷]

◇交差点内で右折待ちのＲＶ車に、Ｔさんの貨物自動車が追突した。ＲＶ車は追突されて反対の対向車線に飛び出す。折から進行してきた車群と多重衝突し、この関係車の乗員２人が死亡、３人が負傷した。追突事故ぐらいでまさかと思ったが、結果は思いもよらない大惨事となった。対向車線にさえ飛び出さなければせいぜいむち打ち程度なのにと、Ｔさんは事故の結果を呪った。

Ｒさんは被害者が老人でなく高校生であったら……と、Ｓさんは車がスリップしてもそこに電柱がなかったら……と、Ｔさんは追突された車が対向車線にさえ飛びださなかったら……とそれぞれが不運を嘆いた。しかし交通事故とはこうした予測もつかない意外な結果をつくり出すのが常なのであり、そして重い結果の責任を負うことになる。

「物損事故など交通事故のうちに入らない……」

「ぼく（わたし）が死亡事故など起こすことはない……」

という言葉をよく聞くことがあるが、この考えがいかに虚像の中につくられる楽観に過ぎないものであることを知る。

一般に物損事故に対して運転者の関心は薄い。物損事故が新聞に取り上げられることもないし、知らせを受けた警察官も義務的に簡易略式な方法で処理する。なかには自動車保険のために仕方なく警察に届けたという事故もあるだろう。だがその物損事故の発生件数は公表こそされないが年々増加し、いまや人

身事故の3倍強の件数がある。そして物損事故はときどき大化けをするのである。

物損事故も軽傷事故も死亡事故もそこにある過失はほぼ同じであることが多い。ただ違うのは環境、条件等が予測もしないような結果をつくり出すことである。

『物損事故も人身事故も紙一重』

危険は予測できても、事故の結果についてまで予測はできない。たかが物損事故などとあなどってはいけないのだ。

6 車に心の安全装置はない

近年、自動車に装備される安全装置は目ざましい進歩を遂げている。
だが運転者の心を制御する装置はない。

テレビに、「ナイトライダー」という夢のスーパーカーが登場する映画があった。このスーパーカーは電子テクノロジーの固まりである。言葉も話せば運転者の心も読みとる。冷静な判断と機敏な動き、それに強じんなボディはなにものより強くかしこい。まさに人が作った最高のロボットマシンである。

このスーパーカーの運転はすべて車まかせだ。もし乗り手が誤った判断や無理な操作をすれば、車が「ソレハマチガッテイマス」と警告をする。無視しようとしても車のほうが強制的にコントロールして安全で確かな方法を選ぶ。こんな車が欲しいとだれもが思うけれど、これは勧善懲悪物語の主役としてテレビ映画に登場するスーパーカーのお話である。

それほどのスーパーではないけれど、今日ではそれに近づくようなスーパーカーづくりが計画されている。国土交通省が提唱しているＡＳＶ〈アドバンスド・セーフティ・ビークル＝先進安全自動車〉構想である。近い将来には、コンピューター技術、光学技術、衛星通信ネットワーク技術その他高度の電子技術を総合的に取り入れて、運転者の判断ミスや危険な動きまでカバーする装置ができるはずである。

いくつかの例をあげてみると、

○居眠り運転警報装置＝運転者の目のしばたきや心拍数から意識低下状態を検知し、音や振動で警告するほか、危険が迫ったときは強制自動停止する。

○車間距離警告装置＝ＣＣＤカメラやレーダーで車間距離を感知し、接近限界を過ぎると警報を出す。なお危険が切迫した状態になると自動的にブレーキが作動して減速する。

○交差点自動停止装置＝一時停止の交差点であることを感知して運転者に警告する。もしこれを無視すると車は自動停止して出合い頭事故を防ぐ。

○コーナー進入警報装置＝カーブに入る速度が危険なときは警告し、危険度が強いと自動減速する。

○ハンドル角度に合わせて前照灯の照射方向を変える。

このほかにも、障害物ソナー、ブレーキアシスト、タイヤ空気圧警報システム、広角ドアーミラー、衝撃吸収ボディ、衝撃吸収ステアリングホイールなどなど盛りだくさんだ。

今日ではすでにシートベルト、エアーバッグ、クラッシャブルボディ、サイドドアービーム、衝撃吸収バンパーなどの安全装置が活躍してはいるが、しか

ある企業の出発前の安全運転指導風景。

しこれらの装置は、どちらかといえば事故発生時における人的被害の軽減を目的とする受け身の安全装置《パッシブ・セーフティ（消極的安全運転装置）》である。さきの開発計画による今後の安全装置は、運転者の操作ミスをカバーする積極的な安全装置《アクティブ・セーフティ（積極的安全運転装置）》だ。アンチロックブレーキングシステム（ＡＢＳ）、バックセンサー、サイドセンサー、追突防止ソナーなどがすでに開発の入り口としてある。

さてこうなると超超とまではいかないが待ち望んだスーパーカーに近いものが登場する。ついでながら危険の警告を女性の優しい声でしていただくと男性にとっては嬉しい。といってもこの計画は、21世紀の後半までの長期ビジョンだからまだまだ先の夢であり喜ぶのはまだはやい。

大きな期待が寄せられる先進安全自動車構想だが、考え違いをしてはならないことが１つある。それらのシステムはあくまで機械的なものであって、人の大脳系にまで入り込んで意識をコントロールするものではないことだ。だから装置があっても運転者が意識的にモードをオフにしてしまえば機能しない。人は身勝手だから、機械が自動化すると逆に欲求不満を感じ、マニュアル指向を選ぶことがある。いかに優秀な安全運転装置であっても、運転者の意志と判断が健全でないときはこの装置も役に立たないということだ。

着陸誘導装置に逆らって海面に強行着水をした機長がいた。機械の故障だろうと緊急自動警報措置を無視して手動強制操縦をする航空機のオペレーターもいた。こうなっては優れた安全装置もその力を発揮しない。さきに登場した夢のスーパーカーとはこのあたりに決定的な違いがあるようだ。

いつの時代になっても、車の装置がいかに進歩しても、

『車に心の安全装置はない』

運転者の心まで強制的に制御する安全装置はない。真の安全装置はあくまでわが心の内にあると自戒したい。

7 信頼の原則

「信頼の原則」と呼ばれる法理がある。この判断が適用されたときは事故責任がないとされるのだが……。

「信頼の原則」という言葉を聞いたことがあると思う。過失責任を判断する法解釈であり、交通事故の裁判でこの「信頼の原則」が適用されるとなると当事者の過失責任は問われないことになる。となるとこの「信頼の原則」、運転者としては無関心でもいられない。

ところでまだ車の数も少なかったむかしのこと。事故を起こした運転者の責任について裁判所の判断は、

「およそ交通事故が起きたかぎりは、たとえ微弱であっても、そこには運転者に何らかの過失があることは明らかである……（大審院判例）」

としていたくらいであった。つまり、事故が起きればすべて運転者にその責任があるとしているわけだ。

時代も進み今日は国民皆免許、大量交通時代と呼ばれる車社会になった。交通量も多く社会的立場、性別、年齢を問わず誰もが運転をする。こうした社会での運転者の危険負担はますます増大するのみである。

一方、国民のすべては何らかの形で車交通の利便を享受しているわけだから、交通関与者としてすべての人は車社会のリスクを回避するための安全意識を持ちあわなければならない。

となると交通事故が起きれば、なんでもかんでもその運転者に過失責任がありとするだけでは社会通念にそぐわなくなってきたのである。今日の車社会は、自分はもとよりのこと、相手方もまた当然にルールを守り、互いに安全な行動をとるであろうとする信頼関係がより重要になってきた。

もともと何らかの形で危険に関与する人々は互いに危険を避ける努力をする信頼関係がなければ安全は成り立たない。たとえば航空機と管制塔、手術をする医師と看護婦の関係のように信頼関係があってこそ安全に業務が成り立つ。車運転もまたそうした信頼関係がなければ安心して運転することができない。「信頼の原則」はこうした実態の上で考えられた、過失責任あてはめの物差しとして誕生した。

「信頼の原則」を的確に一口で語るのはなかなか容易ではないが、あえて定義すれば次のようになる。

「運転者は、特別の事情がない限り、他の運転者などもルール等を守って安全な行動をとるであろうと信頼をすることができる。もし他の運転者が予測しがたいような著しいルール違反を犯したり、あるいは異常、無謀な行動があって交通事故が起きたとしても、運転者にそこまでの気配り（予見）をする義務はない。その事情のもとで起きた交通事故は、信頼の原則ににより、運転者の予見と回避の義務は否定される。したがって起きた事故についての過失責任はない。」

ということになる。これが「信頼の原則」といわれるものである。

さて、それでは、相手にルール違反があればすべて「信頼の原則」が適用されて事故責任が免除されるのかというとそういうものでもない。「信頼の原則」が適用されるには前提として一定の要件が必要である。

まず相手方に、

○運転常識を欠くような著しいルール違反があること。

○考えられないような異常あるいは無謀な行動があること。

の条件がなければならない。また、信頼を寄せることが不適切な子供、老人などに対しては信頼関係は生まれにくい。さらに当然のことだが、運転者自身にも違反などの落度があって、いわば自分の手が汚れていては「信頼の原則」を主張することはできない。これを「クリーンハンドの原則」と呼んでいる。

それでは「信頼の原則」はどのようなときに適用されているのか事例で見てみることにする。

【判例1　（適用事例）交差点内で右折待ちをする車の右側を、無謀に追い越しをしてきた二輪車との事故】

◇右折車は、交差点内で道路の中央に寄り、適切な右折準備態勢に入ったからには、後方から二輪車がセンターラインを越えてまで右折車の前を通過して追越しをすることなどはないと信頼してよい。その不測の事態で起きた本件事故については、右折車に過失責任はない。（要点解釈）

【判例2　（適用事例）左折を始めた車の後方からの無謀に突っ込んできた二輪車による事故】

◇すでに安全を確かめ道路の左側に寄って左折の準備態勢を整えた左折車は、さらにその後方から無謀に突入する二輪車があることまで予測する義務はない。よって生じた事故について、左折車の過失責任はない。（要点解釈）

このほかにも

○赤信号を無視して交差点を突破する車

○優先順位のある広い道路を危険を無視して突破する車

○センターラインを超えて飛び込んでくる車

などが「信頼の原則」適用の対象として捉えられている。

しかし一方には次のような不適用事案のあることにも留意しなければならない。

【判例３　（不適用事例）赤信号無視で横断する酩酊者との事故】

◇深夜、酩酊(めいてい)して赤信号で横断する歩行者に車を接触させて起こしたこの事故は、運転者がなお良く前方を注視していれば避けられた事故であった。したがって「信頼の原則」は適用することはできない。（要点解釈）

さてさて、いささかつまみ食いのような上滑りの形で「信頼の原則」を見てきたが、結論として「信頼の原則」は、あくまで誠実な運転者に対しては、無法な事態の責任まで負はないとする正義の味方であるが、自ら義務を尽くさず、また人命を軽視する無責任な態度の運転者には、なんらかかわりのない法理だということである。法は「信頼の原則」に藉口(しゃこう)して責任を回避しようとする運転者までは擁護(ようご)しない。

『信頼の原則』

ちなみに「信頼の原則」は、車社会の発展に即して、車社会の先進国ドイツにおいて生まれた運転者責任を免責する過失責任論だという。

8 論より証拠、適性診断

運転も無事慣れすると自分の姿が見えなくなる。運転適性診断とはその自分の姿を検索してみることである。

馬は自分の顔が長いとは思っていないし、鶏は大空を羽ばたけないことをさほど苦にはしていない。はたから見ればおかしいと思っても、自分ではそれがあたりまえのことであり気にならないし気にもしない。

車運転もまた日ごろの無事慣れが続くと、はたから見れば行動に危険要素がいろいろとあるのに自分では気がつかない。だが事故を起こしてからそれに気がついたのでは遅いのだから、馬や鶏のように気にしないというわけにはいかない。それには自分の気質的あるいは運動的なウィークポイントに、早めに気がついておくことが肝要だ。「運転適性診断」はそのためにある。

人それぞれに固有の気質・性格がある。それが心理的にも行動的にも特性をつくりだす。その特性が才能といわれて高い評価が与えられることもあるが、運転の場でこれをむき出しにすると、他人との調和を欠いて好ましくない運転態度になることがある。

「運転適性診断」は、自分が気がつかないままに固定化している悪しき運転態度を自ら検索して修正し、転ばぬ先の杖にしようとするものだ。もちろん単なる性格テストの類ではない。あくまでその人の心的特性、動作特性、知的能力、反射機能など運転における不安全要素がどこにあるのかを検査するものである。

「運転適性診断」を詳しく述べるには紙幅が不足する。ここでは診断の概要を述べることだけにとどめたい。まず診断の方法（警察庁方式による）にはどんなものがあるかを分けてみると、「ペーパーによる診断」「機械による診断」「模擬運転装置による診断」そして「実車による走行診断」などがある。

1「ペーパー方式による診断」

紙の上ではあるが質問や図形処理で回答するとその人の特性が導きだされる。たとえば、

○拙速で正確さを欠く行動傾向がある。
○気配りが曖昧で注意が偏る傾向がある。
○自己主張が強く正当化して攻撃的な運転をする傾向がある。
○他人との協調性を欠き独断的な運転をする傾向がある。
○気移りが激しくときに不活発な心的状態で運転する傾向がある。
○ついつい調子に乗って激情的な運転をする傾向がある。
○格好マン、目立ちたがり屋など実力を考えないで背伸び運転をする傾向がある。

などなどの運転者個人のウィークポイントが抽出される。評価は、「優れている」

「普通です」「要注意です」などで示され、さらにワンポイントアドバイスがつく。

2「機械またはＣＲＴによる診断」

専用の機械などの操作により、個人の反応、判断、持続性などの諸機能をさらに検証する。要点を挙げると、

○「反応検査」（単純な反応、選択的な反応検査で、速さ、正確さ、むらなどを調べる。遅すぎるのも危険だが、速いばかりで見極めもせずに行動する拙速もまた危険性がある。）

○「速度見越検査」（速さの見積り、見積もりにともなう焦燥傾向や判断のむらなどを調べる。あせりや早とちりで失敗しやすい傾向が診断される。）

○「処置判断検査」（注意能力、注意のかたより、状況判断能力を調べる。注意力が持続せず散漫だったり、また、注意が一方に偏る危険性はないか調べる。）

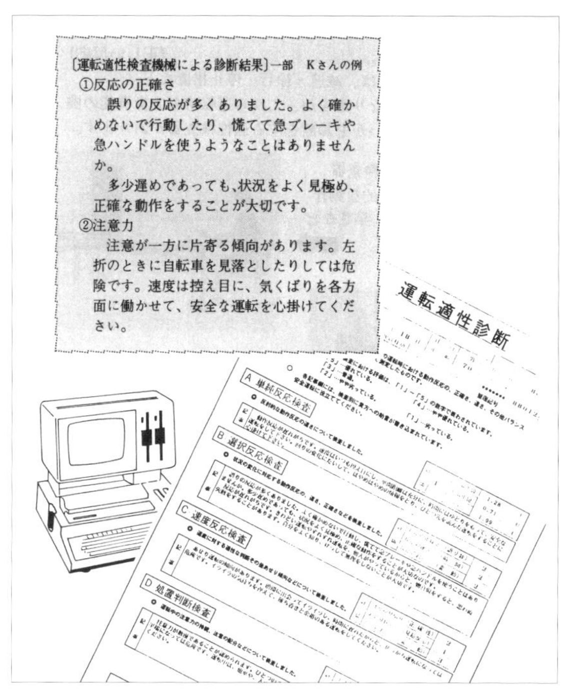

〔運転適性検査機械による診断結果〕一部　Ｋさんの例

①反応の正確さ

誤りの反応が多くありました。よく確かめないで行動したり、慌てて急ブレーキや急ハンドルを使うようなことはありませんか。

多少遅めであっても、状況をよく見極め、正確な動作をすることが大切です。

②注意力

注意が一方に片寄る傾向があります。左折のときに自転車を見落としたりしては危険です。速度は控え目に、気くばりを各方面に働かせて、安全な運転を心掛けてください。

運転適性診断はこのほかにも、「シミュレーターによる模擬運転」「実際の車」での走行テストも行なう。日頃の無事なれ運転が悪い運転習慣を作っていないか再確認だ。また、運転に重要な動体視力などの視機能検査も行なう。

さて診断が終ると総合評価の診断表が各人に手渡される。安全運転に対するマイナス要素とその結果陥りやすい事故傾向などについての助言がある。診断表を読んで「なーんだ」と照れ臭そうににが笑いする人、意外な自分を発見して「うーん」とうなる人など反応はさまざまだ。

ともあれ運転適性診断の結果は客観的に眺めた自身の姿である。誰に知らせるものでもない。まずは本人がこれを謙虚に受け止め反省の資とすることが目的。

生涯無事故の安全運転であるために運転ドッグにはいるようなつもりで随時適性診断を受けて見てはいかがだろうか。

『論より証拠、適性診断』

各警察本部の運転免許課、運転教育課あるいは安全運転学校などで照会に応じてくれる。

9 安全運転五省

車社会は運命共同体である。１人の手抜きがつくり出した危険が、意味もなくみだりに人を死に追いやる。

艦船の乗組員は運命共同体である。板子一枚下は地獄だ。だから持ち場責任を守らない１人の者の手抜きがあると、これが蟻穴となって艦船を海の藻くずと沈めてしまう。とくに戦う軍艦の乗組員は１人ひとりにこうした責任意識が厳しく強く求められている。

戦前の日本海軍には「海軍の五省」と呼ばれる教育指針があった。海軍軍人は艦長から一兵卒にいたるまで朝夕「五省」を斉唱して互いに志気の高揚を図っていた。
【海軍の五省】とは、
1つ、「至誠」にもとるなかりしか
2つ、「言行」に恥ずるなかりしか
3つ、「気力」に欠けるなかりしか
4つ、「努力」に憾みなかりしか
5つ、「不精」にわたるなかりしか
である。

車社会もまた運命共同体だ。なにしろ互いに車という鉄のかたまりを動かしあっているのだから、１人の無責任のルール無視や無謀運転行動があると、予期しない交通事故が起きて意味もなく他人を死に追いやる。そのことに気づかず、あいつがやるならおれもやると悪しき運転風潮がはびこると、車社会はまさに秩序なきの世界になり、まさに死傷者続出の交通戦争となる。

車社会の平和と安全のために、海軍軍人にならって、『安全運転五省』を斉唱してはいかがだろうか。
【安全運転五省】とは
1つ、「ルール」を無視することはないか
2つ、「マナー」に恥じる行動はないか
3つ、「気配り」を欠くことはないか
4つ、「自制の心」を忘れてはいないか
5つ、「メンテナンス」を怠っていないか
である。
１の「ルール」はいうまでもないこと。ルールは過去の事故に学んでつくられたものだから、ルールを否定することは事故に超接近することにほかならない。自分だけはと１人が身勝手を主張すれば、易きに流れて多くの者が同調する。そして得意になったエゴが他のエゴに滅ぼされる。車社会とはルールを守ることで互いの安全を維持する運命共同体であるはずだ。

2の「マナー」は、ルール以前にある運転の道義である。交通関係には微妙な接点があり、道路交通法のルールでも回避できないものがある。ルールの勝ち負けだけでは人命は守れない。運転には他人を傷つけない他人に迷惑をかけない人倫(じんりん)の道が基本になければならない。それは人命を尊び、相手の立場を思いやる謙虚な運転から始まる。

3の「気配り」は、ライセンスを持つ運転者として求められている基本義務。気配りを欠いた原子力潜水艦が急浮上して航海練習船を転覆させるようなことがあってはならない。

4の「自制の心」は、ヒューマンコントロールのこと。車運転の場で独りよがりのパフォーマンスをむき出しにすると他との調和を乱して交通事故を起す。強いボクサーだから、優れた学者だから模範的な運転者とはいいきれない。人には気質・性格に由来するウイークポイントがある。これを抑えていかに他人に調和させるか、運命共同体として等質の運転をするか、安全運転の基本はここにある。

5の「メンテナンス」は、車の汚れは心の汚れだということ。車は消耗品だから走ればよいと割り切るのはよいが、バッテリーあがりも、タイヤのバーストも、灯火の故障も、ブレーキパッドの摩耗なども全く気にしない運転者であるとなると、その無精な心は運転のあり方となって事故の元になる。

さてさて、提唱の、

『安全運転五省』

いかがでしょうか。そんな難しいことをいわないでと思わずに、この五省を座右において生涯無事故の安全な運転を続けていただきたいと願っている。

10 安全運転の詩

「知恵」

車は人の知恵がつくり出したもの　　猿には運転できない……だが
知性や理性をなくして車に乗れば　　危険を忘れた猿の運転になる

「欲望」

時空を超えて翔んでみたい　　邪魔者のない道を駆け巡りたい
車はその夢をかなえてくれる　　そう思う幼稚さが猿になっている

「過失」

過失は心の引っ越しだ　　空っぽの心が運転をしていて
危険があるのに見えなくなる　　そしてしまったという事故になる

「性格」

車は運転者の人柄が動かす　　車の暴走は心の暴走のこと
オレ流だと反逆して車に乗れば　　やがて失敗がオレに還流してくる

「愛車」

愛車は信頼をよせるこよなき友　　忠実な友は君のいうなりだ
その友に激しい速度の鞭を打って　　あえて愛車に危険を強いるのか

「個室」

車の運転席は閉ざされた個室　　コミュニケーションのない離れ島
独りの勝手と仲間を忘れたとき　　危険をみんなにばらまいて通る

「喪章」

　ルールは失敗で綴られた先輩の喪章　　そこには数知れぬ涙の言葉がある
　その声を聞かないで約束を守らない　　その人が次に喪章をつける

「幸福」

　車は少しじゃじゃ馬だが　　あなたと家族に幸せを与えてくれる
　だったら家族の１人じゃないか　　やつを失望させないように頑張って

「車社会」

　人のために生きろとはいわない　　　運転の自由を束縛するつもりはない
　だが共生するための謙虚さを失うと　　車社会が傷つけ殺しあいの場になる

あなたの家族の幸せを守るために「安全運転は家庭から」

本書刊行にあたって

著者である福田和夫先生は、ご自分の経験から「加害者の苦しみ、被害者の悲しみ」などについて語ってくださり、「交通事故を少しでもなくしたいので、この原稿を書き上げた……」とおっしゃっていた。私も数年間だが、自動車事故の処理のお手伝いをしていたことがあり、先生のお考えに同意して本書を刊行することにした。

福田先生の序文にある通り、「事故は体験して学ぶ」というわけには絶対にいかない。本書によって、福田先生の強い願いであった、悲惨な交通事故が一件でも少なくなれば幸いである。

なお、本書刊行にあたって、福田和夫先生のご子息、福田亨氏のご理解をいただいたこともここに明記して御礼申し上げたい。

小林謙一

〈著者紹介〉

福田和夫（ふくだ・かずお）

1928年　群馬県前橋市生まれ。

1942年　法政大学付属旧制中学中退、旧海軍航空兵志願。

1948年　埼玉県警察官、多くの期間を交通警察部門に従事。

1977年　警察大学交通教養部教授、埼玉県警察本部交通部長、
浦和警察署長等を歴任。

1984年　警察官退職、埼玉県安全運転学校長、埼玉県自動車学校長、
埼玉県自動車教習所協会副会長、埼玉県交通教育協会専務理事、
株式会社「交協」取締役歴任。

その後、安全運転アドバイザーとして講演などに従事。

著書に安全運転に関する冊子「悔恨（加害者の苦しみ）」「実態（交通事故はこうして起きる）」「安全運転のしおり」「高齢ドライバー安全運転ガイド」などがある。

交通事故・実態と悔恨
交通事故はこうして起きる

2018年2月25日　初版発行

著　者　福田和夫
発行者　小林謙一

発行所　株式会社グランプリ出版
〒101-0051　東京都千代田区神田神保町1-32
電話 03-3295-0005㈹　FAX 03-3291-4418
振替 00160-2-14691

印刷・製本　中央精版印刷

ISBN-978-4-87687-354-8　C2053